U0194248

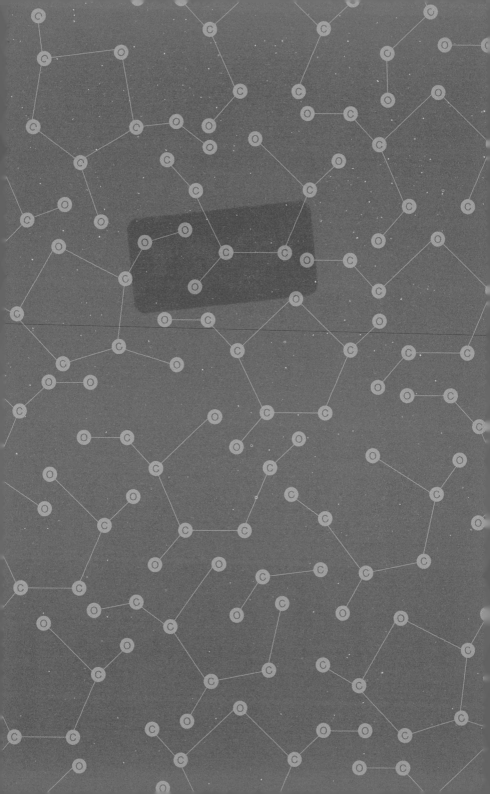

GENETICS
遗传学

〔英〕史蒂夫·琼斯（Steve Jones） 著

〔英〕博林·范·隆（Borin van Loon） 绘

谢文婷　郭乙瑶　译

重庆大学出版社

GENETICS
目 录

遗传学研究什么？

遗传学是关于生物遗传差异的学科……

遗传学也探索相似之处——已经离世或还健在的亲属之间的相似性。

遗传学还研究不同物种之间的相似性，无论这一物种是仍然存在还是已然灭绝。

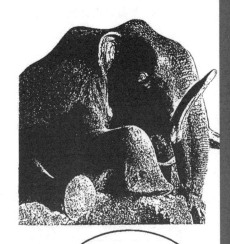

基因是生命发展过程的记录者。基因图谱的排列方式传递了大量信息：人类的进化过程、我们与其他生物的联系，甚至生命是如何开始的。

从某种程度上来看，遗传学研究的大部分内容都离不开地理环境研究。

但人类在探索世界地理环境很多年之后，才开始着手研究遗传学……

......而且比其他的生物科学研究起步都晚——因为很多现象都是"显而易见"的，不过很遗憾，事实往往证明那些都是错的。

一千年来，人们认为亲属之间长得相似是因为他们的生活环境相同，而生活经历往往会改变人的长相。

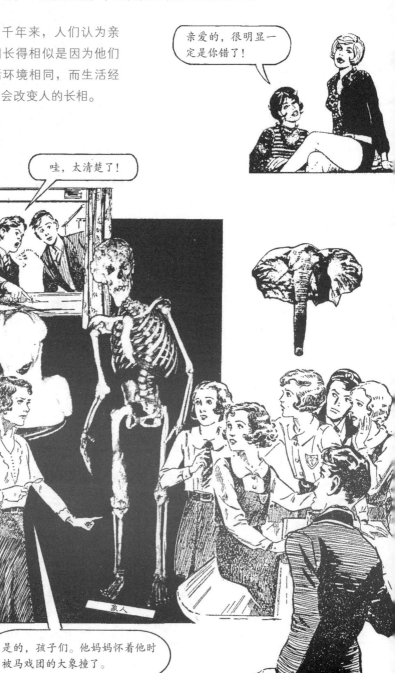

下面这个故事出自《圣经》。

雅各[1]找来杨树的嫩枝子，把树皮剥出白色的条纹，使枝子露出白的部分来。然后，他把剥了皮的枝子插在水沟和水槽里，让枝子正对着来喝水的羊群。羊群来喝水的时候，就彼此交配。羊对着这种枝子交配，就生下有条纹和斑点的小羊来。

拉班[2]说我可以留下所有带斑点的羊羔。

---

1. 雅各（Jacob）：《圣经·创世纪》中的人物，亚伯拉罕的孙子，以撒的次子。——译者注
2. 拉班（Laban）：《圣经·创世纪》中的人物，以撒的内兄，雅各的舅舅。——译者注

遗传学

600

但实际上，孩子并不会继承父母的经历。

唉，这个行不通的话，也许孩子就只能达到之前所有世代的平均水平。达尔文认同孩子是由父母双方的血液混合而来的这一观点。毕竟，他们家可都是蓝血贵族[1]。

1. 蓝血贵族：一种社会地位的象征。西方人常用蓝色血液（blue-blooded）来代表欧洲贵族和名门出身者。——译者注

达尔文的烦恼

不久后，达尔文读到了一篇令人不快的小文章。一位苏格兰工程师，弗莱明·詹金写文章指出了一个致命漏洞：如果遗传真是这样，那么所有优秀的基因在遗传给下一代时都会不断被稀释，直到完全消失。进化论根本就说不通！詹金的观点带有典型的种族特征……

想象一下，有一位白人落难到了一座黑人居住的小岛上。

他也许会有许多妻子，能繁衍出优于常人的后代……

但是，谁会相信整个岛屿的人会逐渐变成白种人，甚至黄种人呢？

噢，我最亲爱的……今晚到我的小屋来！

你这个奇怪的小男人，行吧，既然你这么坚持。

那天晚上——

弗朗西斯·高尔顿

不久后，达尔文的表弟弗朗西斯·高尔顿对遗传学也表现出了浓厚兴趣。高尔顿是一个与众不同的人。

我表哥就是一个天才，我也是。

HEREDITARY GENIUS

《遗传的天才》

和大多数维多利亚时期的科学家一样，高尔顿很富有。不过，和表哥达尔文不同的是，高尔顿完成了医学课程（尽管他从未真正当过医生）。学习期间，他曾按字母表的顺序试吃书中记载的各种药物，一直到常被用作泻药的巴豆油（Croton Oil）时，他才放弃了。

高尔顿在非洲旅行时，曾骑着一头公牛闯进酋长家，吓唬并使酋长投降，还用航海六分仪测量酋长妻子们的臀部。高尔顿对"天才"（比如法官）的遗传方式非常感兴趣。

天才总是一次又一次地诞生在同一个家族中。也许天才是代代相传的。但怎么遗传呢？子代真的是亲代血液混合而来的吗？高尔顿曾尝试把一只黑兔子的血输进一只白兔子体内。

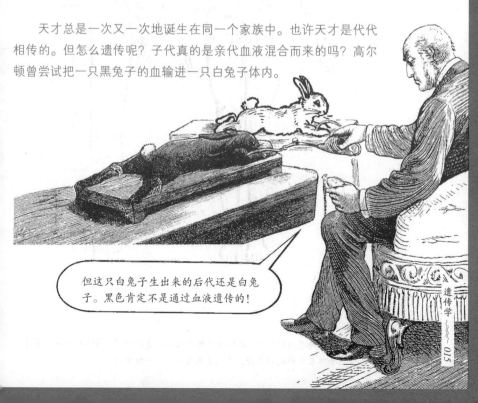

但这只白兔子生出来的后代还是白兔子。黑色肯定不是通过血液遗传的！

高尔顿于 1911 年在英格兰去世，没有子嗣。他为在伦敦大学学院（University College London）成立的国家优生学实验室留下了一笔遗产[1]。

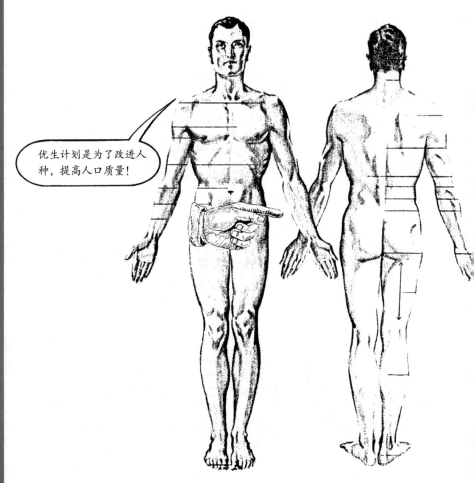

1. 高尔顿深受达尔文进化论思想的影响。他把该思想引入对人类的研究，着重研究个体差异。他从遗传的角度研究个体差异形成的原因，开创了优生学。——译者注

格雷戈尔·孟德尔

THE AUGUSTINIAN MONASTERY OF ST. THOMAS

与高尔顿处于同一时代,在今捷克的布尔诺,有一位失意的学生——格雷戈尔·孟德尔[1],他曾在大学就读理科专业,但后来退学了——也对遗传学产生了浓厚的兴趣。

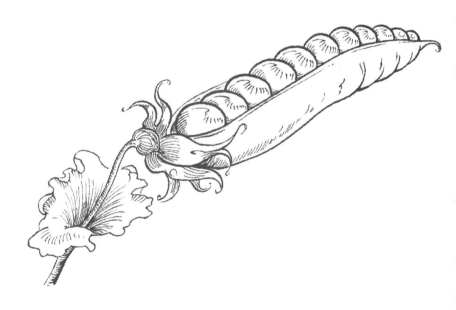

1.格雷戈尔·孟德尔(Gregor Mendel,1822—1884):奥地利生物学家。他在布隆修道院担任神父,是遗传学的奠基人,被誉为"遗传学之父"。他通过豌豆实验发现了遗传学的两大基本定律——分离定律及自由组合定律。——译者注孟德尔的实验方法比高尔顿的研究方法更加切实可行，他研究的对象不是人而是豌豆。豌豆有许多优势——干净、易保存、分离率低。而且，每株豌豆都是雌雄同体，能够自花授粉，容易栽种，性状稳定且易于区分。

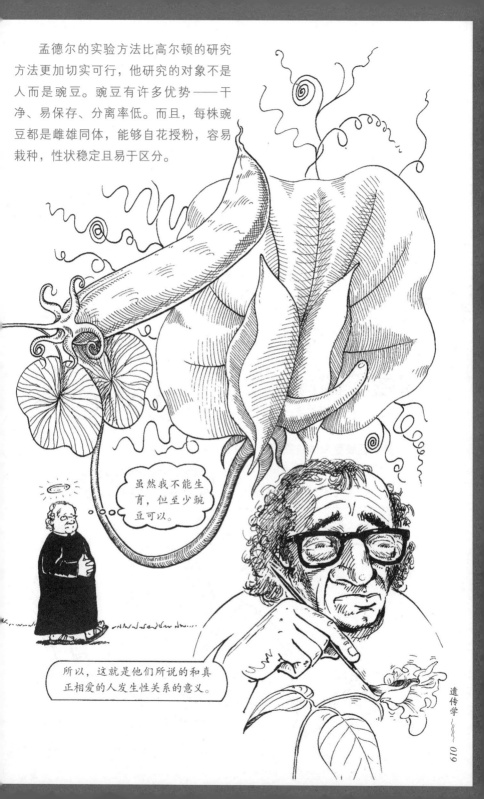

虽然我不能生育，但至少豌豆可以。

所以，这就是他们所说的和真正相爱的人发生性关系的意义。

农夫们培育出了许多不同种类的纯种豌豆：同一列的豌豆属于一个品种；不同列的豌豆属于不同的品种。

孟德尔意识到这正是研究遗传机制的关键。他从圆豌豆和皱豌豆的植株中，各取出一株，为它们人工授粉。

所有杂交后的子代都是圆豌豆，而不是亲代形状（圆形和皱形）的平均值，反而只像其中一种。

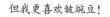

 × =

而后，孟德尔又继续培育杂交得到的圆豌豆，再自花传粉、闭花授粉；他把花粉撒在同一株豌豆的花蕊上。这株豌豆成熟后，又给孟德尔带来一个巨大的惊喜：这一次，圆豌豆和皱豌豆都出现了！

 ×

而且，圆豌豆和皱豌豆的比例总是维持在 3 ∶ 1。

孟德尔萌生了一个遗传学历史上最伟大的想法！

也许这些豌豆并不像它们的外表那样看似简单！这些豌豆内部可能暗含着某种指令，但不总是表现出来，比如圆豌豆本身可能带有皱豌豆的指令。

孟德尔认为花粉（即植物的精子）和卵子各自携带的一个粒子（现代人称之为基因）包含着子代豌豆形状的密码。

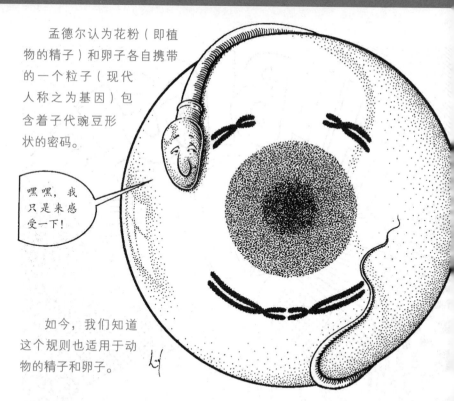

嘿嘿，我只是来感受一下！

如今，我们知道这个规则也适用于动物的精子和卵子。

当花粉与卵子结合时，子代就拥有了两个粒子或者基因。有时，一个粒子会隐藏另一个粒子的性状。

这个一定可以解释我得出的比率！

在几茬纯种作物中，有圆豌豆，也有皱豌豆，每株植物都有两个圆形基因或皱形基因。如果纯种圆豌豆与纯种皱豌豆杂交，它们的后代都会各自拥有一个"圆形"基因和一个"皱形"基因。

圆形基因表现出来的性状掩盖了皱形基因的性状，所以杂交后的子代豌豆看起来都是圆的。

嗯，它们吃起来味道有些像皱豌豆！

所以，圆形是显性性状[1]，
而皱形是隐性性状[2]。

杂交后的子代豌豆都具有这两种不同的基因，也由此形成了两种类型的卵子或精子：其中一半为圆形粒子（基因），另一半为皱形粒子（基因）。

豌豆自花受精时，"圆形"精子遇到"圆形"卵子的概率是四分之一；"皱形"精子遇到"皱形"卵子的概率是四分之一；另外四分之二的情况是，"圆形"精子/卵子和"皱形"卵子/精子两两混搭后最终得到圆豌豆。若把上述情况加在一起考虑，那就能解释孟德尔如何得到圆豌豆和皱豌豆的比例是 3 : 1 这一神奇结果了！

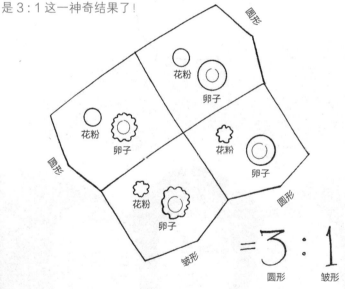

1. 显性性状（dominant character）：具有相对性状的两个纯合亲本杂交后在子一代得到表现的那个亲本性状。如豌豆的纯合高茎亲本与矮茎亲本杂交，产生的子一代都是高茎的，这个高茎性状称为"显性性状"。显性是生理现象，可随环境条件和依据标准的不同而改变。——译者注
2. 隐性性状（recessive character）：具有相对性状的两个纯合亲本杂交后在子一代没有得到表现的那个亲本性状。这种性状只有在纯合状态时才表现出来。——译者注

孟德尔又用黄豌豆和绿豌豆、高茎豌豆和矮茎豌豆做实验。每次实验得到的结果都相同，并且证实了豌豆的形状对颜色的遗传不造成任何影响。决定豌豆形状和颜色的基因是彼此独立的。

这么看来，遗传学似乎是基于亲代传给子代的粒子。这一切看起来如此简单。

哎呀，事实并非如此。孟德尔继续研究了其他具有复杂遗传模式的植物。他发现之前总结的规律四分五裂了。和高尔顿、达尔文一样，他因为饱受打击，不再继续研究，转而投身于其他文职工作。

悲伤如我。

1866 年，孟德尔的重要论文——《植物杂交试验》（Experiments on Plant Hybridization）发表在《布尔诺自然历史学会会刊》（Transactions of the Brunn Natural History Society）这本不知名的期刊上。他曾把它寄给一些当时最杰出的生物学家，但没有人重视。

他们感兴趣的问题太深奥了。现在我们知道，他们是在错误的时代提出了对的问题。他们也没有机会回答这个问题——事实上，这一问题直到现在也没能完全解决。一个没有其他组织结构的受精卵为何能够发育为人类这般复杂得难以置信的个体？一颗豌豆也是一样？

没劲透了！

遗传机制对于维多利亚时代生物学界的大佬们来说似乎没什么意思。孟德尔回答了这个在大佬眼里相对更简单的问题——虽然他煞费苦心地找到了答案，但还是被当时的人们无视了。

1900 年，孟德尔的理论被重新发现。因为他的研究能够解释所有植物，甚至老鼠和鸡的遗传现象。

很快，同一时期的所有生物学家都开始研究它。下一个就是人类的遗传学研究了。

腓特烈大帝的"实验"

　　显然，豌豆可以很容易地做杂交实验，人类却不能。但当真不能吗？

　　普鲁士王国的腓特烈大帝就曾成功地让高个子男人和高个子女人配对，繁衍出高个子后代成为其宫殿卫兵——他们个个高大威武，令人瞩目。

大多数情况下，人类遗传需要等待大自然的"实验改造"。因为人类总是自主选择配偶。

我只爱慕身材高挑的女人。

通常，家族史用家谱（pedigree）记录——英语中"pedigree"一词来源于法语单词"pied de grue"（鹤脚）。"鹤脚"形象地体现了某些古老家族的家谱从中心向外呈线状扩散的样子。

我的脚可不长成这样！

第一个记录遗传性状的家谱其实很简单：一个挪威家族其短手指性状由显性基因控制。家族中的任何人复制了这一基因，都会遗传短手指。一旦短手指基因从家族某一分支中消失，这一分支的后代就再也不会出现短手指现象。

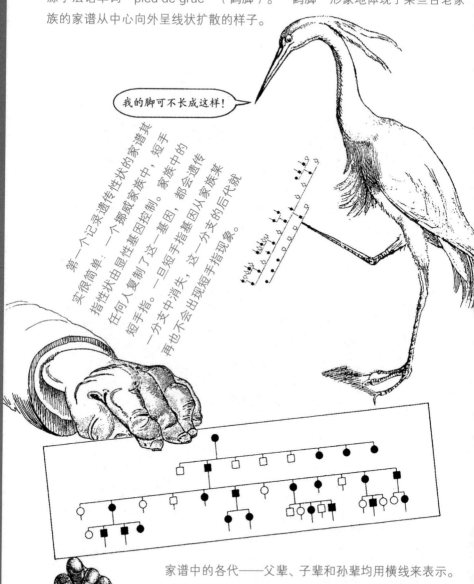

家谱中的各代——父辈、子辈和孙辈均用横线来表示。女性用圆圈标记，男性用方块标记（看起来好像不太公平！）。遗传短手指的人就涂黑作为标志。与该家族结婚的丈夫或妻子不用涂黑——他们都拥有正常长短的手指。有短手指的人，其父亲或母亲一定也是短手指，而且平均来看，短手指父母的孩子有一半也遗传了短手指。

关于隐性性状

　　显性性状看来确实容易分辨。不过，隐性性状也有机会显露出来——只有从父母双方分别继承了一个隐性基因的人才能表现出隐性性状。

　　隐性性状再次突然出现在家族中，中间往往隔了几代人。这也解释了一个古老的问题——隔代遗传，即一个孩子会与某位远亲或先祖长得相像。

Noah

　　隐性遗传的第一个案例是白化病：大多数白化病孩子的父母都是正常人。如果白化病人与正常人结婚，所生的孩子大多是正常皮肤。西方最早记录下来患有白化病的是诺亚（Noah）。《以诺书》[1]中写道，"他的头发洁白似雪"。

但是含（Ham）、闪（Shem）和雅弗（Japheth）都长得和你很像。

GENETICS

030

1.《以诺书》（the Book of Enoch）：关于犹太人传奇的启示文学作品。——译者注

泛滥的基因图谱

如此，人类的遗传看起来似乎跟豌豆一样非常简单。于是，很快就出现了各种各样的图谱。有的十分合理，经得住时间的考验，而有的就相当愚蠢了。据说，当时的人们还曾把热爱海洋[1]、脾气暴躁等也作为基因的性状表现。

---

1. 热爱海洋（love of the sea）：1919年，美国哈佛大学生物学家、优生运动支持者查尔斯·达文波特在《海军军官：他们的遗传特性和发展》一书中界定了一种遗传基因，他认为该基因导致"thalassophilia"（爱海性），他用此解释为什么海军职业总是在几个特定家族中传承。——译者注

遗传学的歧路

在人类遗传学的研究过程中曾经有一群异想天开的人。他们坚信自己有责任消灭世界上那些使人类愚蠢和犯罪的基因。

20 世纪 20 年代，高尔顿设立的国家优生学实验室分裂为两派：一派为伦敦大学学院的高尔顿实验室，致力于生物学研究；而另一派自称优生学会（Eugenics Society），多年来一直试图改善人类基因。

各类人都参与其中，有些做法相当出人意料。玛丽·斯托普斯，她是节制生育观点的提倡者，也是优生学会的成员，曾阻止下层民众生育后代，因为她认为他们的后代会降低英国的人口质量。

WORKERS OF ALL LANDS DON'T UNITE

各地区的劳动者们，不要联合起来。

高尔顿之后，再也没有令人惊艳的观点了。相反，希特勒的观点是最臭名昭著的一个，但有这般言论的人还不止他一个。

如果我们更倾向于某种特定的文明，那么就必须想办法消灭不适应这种文明的人。
——乔治·萧伯纳

弱智、愚蠢、精神错乱的人群发展异常迅速，已经给国家和种族带来巨大的危险。我认为必须在一年之内切断这种癫狂的源头。
——温斯顿·丘吉尔

天赋遗传的质量远比社会主义和资本主义之间的争论重要百倍。
——阿道夫·希特勒

G.B.Shaw　　　　W.S.Churchill　　A.Hitler

基因变异

　　与此同时，真正的遗传学虽不令人瞩目，但依然取得了一些成就。各种问题开始被提出。首先是基因变异是如何发生的？我们已经习惯不同，觉得相似反而开始令人不安。

　　为什么有些人的手指很短——同样，为什么有些豌豆是圆的，而有的是皱的？一定是某种东西促使它们发生了改变。如果继承的过程没有任何意外，那么每一个生命体都应该一模一样。那样的话，遗传学将不存在，生物进化也不会发生。

1901 年，荷兰人德弗里斯培植月见草（又称晚樱草）来验证孟德尔定律。让他惊讶的是，即便是纯种花色的月见草，子代也时不时会出现新花色，然后这种新花色将遗传给下一代。他把这些随机变化称为基因突变。

……基因突变

德弗里斯认识到，也许观察这些基因突变——遗传机制中被破坏的部分——有助于理解基因变异究竟是如何发生的。

黑尿症

另一位英国医生，阿奇博尔德·加罗德，当时正在研究一种罕见的遗传病——黑尿症（alkaptonuria，又称黑尿病、尿黑酸症、加罗德综合征，它是人类的一种罕见常染色体隐性遗传代谢缺陷病，因患者的尿色发黑而得名）。

1909 年，加罗德发现患者尿液中那种有臭味的物质是一种化学物质，是由于食物中的某些物质未能完全分解而产生的。

人们都知道人体各种机能的运作离不开酶（enzyme）。酶是加速代谢的化学催化剂。所有酶都由蛋白质构成。

也许就是因为某种酶不能正常工作，才会引发黑尿症。加罗德假设基因可以制造酶，也许基因就是一种酶，并对患者的家族进行了调查，不过他并没有找到充分的证据来证明自己的观点。

大体上说，如果这就是孟德尔所说的粒子（基因）引起的，那么所谓的粒子到底在哪里？即便已经知道它们必须通过精子和卵子传递，当时单单针对粒子所在的位置，就已经出现了许多理论。

黑尿症的症状虽然让人惊慌，但它的危险性其实并不大。患者在食用某些食物后，尿液就会变黑发臭。

摩尔根与果蝇实验

　　和加罗德差不多处于同一时期的托马斯·亨特·摩尔根当时也对遗传学产生了兴趣。他是纽约哥伦比亚大学的教授。他在寻找遗传变异研究对象时，突然之间福至心灵。

　　他碰巧选择了最不起眼的果蝇作为实验对象。果蝇用拉丁语表示是 *Drosophila melanogaster*，意思是喜欢吃蜂蜜、腹部呈黑色的苍蝇，它形象地描述了果蝇的生活状态。

时光如梭，可果蝇始终喜欢吃香蕉[1]。

1. 原文为 "Time flies like an arrow, but fruit flies like a banana." 前半句的 "fly" 是动词，表示时光流逝；"like" 是介词，意思是像什么。后半句的 "fly" 是名词，指苍蝇；而 "like" 是动词，意思是喜欢什么。这句英文巧妙地运用了双关语，但是翻译后就失去了这层意思。——译者注

果蝇需要的繁殖条件很简单，繁殖周期短，各种遗传特征的差异很快就能显现出来。许多果蝇因为出现变异而被带往摩尔根的实验室。

几乎所有新的突变现象都符合孟德尔的预期——一些是显性性状，一些是隐性性状。

但凡事都有例外。某些遗传变异似乎发生了奇怪的事情，与性别有很大关系。

摩尔根放置果蝇的瓶子里出现了一种新的变异果蝇，它们的眼睛从红色变为了白色。用雄性白眼果蝇与雌性红眼果蝇交配，所有后代都是红色眼睛。但用雄性红眼果蝇和雌性白眼果蝇交配却产生了不同的结果——所有雄性后代都是白眼睛，而所有雌性后代都是红眼睛。摩尔根发现了一条孟德尔没有关注的重要线索——基因的确切位置。

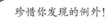

珍惜你发现的例外！

摩尔根知道雄性和雌性的差异是代代相传的，就像孟德尔提到的粒子一样。

所有生物的每个细胞中都存在着丝状结构，即染色体。早在50年前，人们就发现染色体了。

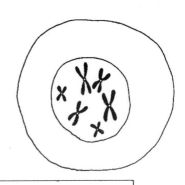

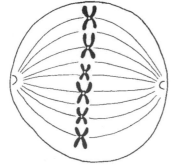

染色体的复制和分裂

就像孟德尔假设的粒子一样，染色体会分裂，并分散在下一代体内——这已经暗示了染色体和基因可能互相关联。

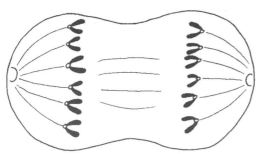

雄性和雌性的染色体大致相同，只有一个重要的不同点：雌性有两条 X 染色体，雄性有一条 X 染色体和一条相对较小的 Y 染色体。

果蝇的染色体

雌性

雄性

所有卵子都携带着一条X染色体，而精子则携带一条X染色体或Y染色体。

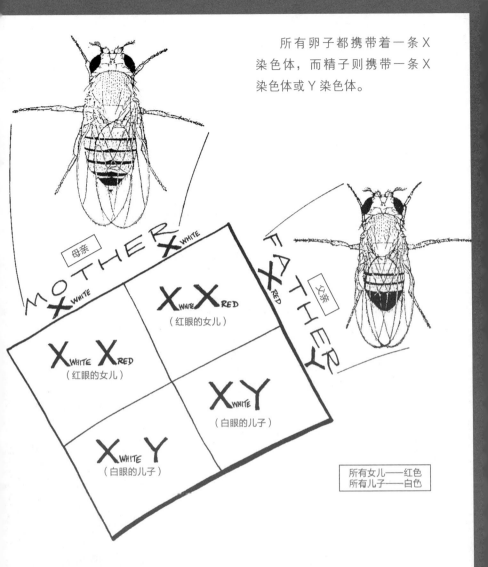

母亲
MOTHER
X WHITE
X WHITE

FATHER 父亲
X RED

X WHITE X RED
（红眼的女儿）

X WHITE X RED
（红眼的女儿）

X WHITE Y
（白眼的儿子）

X WHITE Y
（白眼的儿子）

所有女儿——红色
所有儿子——白色

摩尔根发现了某种重要的东西。

　　眼睛颜色的遗传方式由X染色体决定。儿子从母亲处得到一条X染色体（和眼睛的颜色），从父亲处得到一条Y染色体；女儿则从父母双方那里各得到一条X染色体。Y染色体上似乎没有携带任何影响眼睛颜色的基因，因此X染色体上携带的基因会产生相应效果。相对白眼而言，红眼是显性性状，因此红眼雄性果蝇和白眼雌性果蝇生下的是红眼的女儿和白眼的儿子。

　　摩尔根认为决定眼睛颜色的基因与X染色体有关。他据此推测这种基因实际上位于染色体上。

很快，摩尔根就有了最终的证据。

在其中一组实验中，一条 X 染色体意外地粘在另一条上。同时，白眼基因的遗传方式也随之发生变化。因此，基因一定在染色体上。

X 染色体标记了基因的位置，笨蛋！

孟德尔的粒子（基因）基本上已经被人们发现了。人们已经步履蹒跚地迈出了制作基因图谱的第一步。

第二步也很明显：根据基因彼此间的关系找到基因的大致位置。想要弄清楚这一点，只有一个办法——繁殖实验。

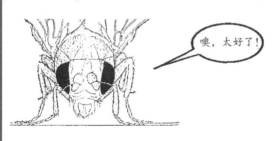

噢，太好了！

再回到摩尔根和他的果蝇。

什么？又是我？

摩尔根和他的追随者们很快就发现染色体上有大量的基因——比如决定翅膀长度的基因和白色眼睛的基因。所有这些基因都与 X 染色体有关。当然，这就意味着它们彼此相依。紧密联系在同一群组上的不同基因会一起被传递给下一代；不同群组上的基因相互独立，互不干扰。

关联群组的数目与染色体的数目相同。似乎每个染色体都有自己的关联基因。至少，某些基因证明了孟德尔的观点有误：遗传的粒子不一定相互独立。

但很快又出现了另一个问题。这种相连关系并不稳固。即使是关联基因也可能会在几代之后从现有群组中分离出去。

> 就没有百分百完美的事情吗？

摩尔根用白眼睛短翅膀的果蝇跟红眼睛正常翅膀的果蝇杂交。从某种程度上说，在随后的几代果蝇中，白眼性状和短翅膀性状，与红眼性状和正常翅膀性状一样会一起出现。然而不久，这两对性状就开始分离。

> 亲爱的，我们好像要分开了！

繁殖许多代后，很多果蝇都是白眼睛和正常的翅膀，或者红眼睛和短翅膀。

这一过程就像不断洗牌。每一次都会打乱一点原来的顺序。

这就像打桥牌一样，一个高级玩家可以通过比较每次洗牌后的牌面顺序，推断出最初的牌面顺序。

斯特蒂文特与基因关联图谱

1913 年，摩尔根的学生，斯特蒂文特撰写了一篇论文，该论文标题归纳了遗传学家们对未来 70 年遗传学发展的观点——《六种果蝇性别相关因子关联模式中的线性排列》。斯特蒂文特观察了许多关联基因，检测它们是否有一同遗传到下一代的倾向。

> 它们的确是一起行动的！但不同基因对彼此的喜好程度不同。

不久之后，他又指出：一起行动的基因在同一条染色体上的距离很近；而那些行动不太一致的基因在同一条染色体上的位置则相距较远；那些行动上互不干扰的基因，位于不同的染色体上。孟德尔非常幸运——他检测的基因全部位于不同的染色体上（或者说，因为同一条染色体上的不同基因相距太远，导致他一个都没注意到）。

而后，斯特蒂文特和他的学生根据不同基因一起遗传的倾向程度，制作了一张关联图谱。

该图谱显示了一个非常清晰的规律模式。由于该图谱由不同的群组基因构成，我们可以清楚地看到，在单个染色体中，所有基因都按顺序——排列成一条线性指示链。

虽然每种生物的染色体数目有很大差别，但这一规律适用于所有生物。人类的正确染色体数目直到 1956 年才得以确定——精子和卵子细胞各有 23 条染色体，体细胞有 46 条染色体。

果蝇的三号染色体

CHROMOSOME

粗圆眼

分支翅脉

标枪形刚毛

黑眼睛

体毛茂密

长刚毛　猩红眼睛　　卷曲翅膀　无刺刚毛　　　　　无毛刚毛　红眼睛

线状口刺　　　　短刚毛　　　条纹身躯　　　三角翅脉　黑色身躯

基因关联图谱的绘制取得了巨大的进展——很快，果蝇所有已知的遗传变异性状都用图谱展示了出来。当然，与果蝇相比，人类的图谱绘制工作远没有如此顺利。成员较少而且没有固定婚配计划的人类家庭结构，使得基因关联图谱的绘制几乎不可能完成。

糙眼

深红色眼睛

三号染色体的片段

穆勒的发现

　　遗传学还有另一个大问题没有解决，基因图谱也没有给出线索。这些具有遗传信息的粒子到底在哪里？果蝇再次给出了答案。这一次，美国遗传学家穆勒[1]发挥了重要作用。

　　穆勒对基因突变非常感兴趣。是什么使基因从一种形式转变为另一种形式呢？也许解决了这个问题，他就能知道基因到底是什么了。

　　与摩尔根一样，他选择了果蝇作为实验对象。他从一种简单的突变入手——那种能够杀死某些携带者的突变。

---

1. 穆勒（H.J.Muller，1890—1967）：美国遗传学家、分子生物学家，辐射遗传学的创始人，1946 年诺贝尔生理学或医学奖获得者。他的重要著作有《由单个基因的改变所致的变异》《基因的人工诱变》等，他还参编了由摩尔根主编的《孟德尔遗传机制》一书。——译者注

穆勒认识到致命突变数量的增加似乎是由许多因素造成的。即使是温度稍微升高，果蝇基因突变的速率都会成倍增长。

　　1930 年，他发现 X 射线诱发突变的效果惊人。如果果蝇亲代突然受到辐射，可能导致异变速率增加 150 倍！

　　很快，政府人员对此也表现出极大的兴趣——这也许能研究出一些在军事方面的用途。20 世纪 30 年代末期，在爱丁堡工作的德国难民夏洛特·奥尔巴克着手化学品的研制。就当时而言，从可以在战争中使用的气体（例如，芥子气）开始是个不错的选择。这些毒气产生的效果就跟人体受到辐射差不多——给人体造成疼痛难忍的烧伤，不养上几个月则难以愈合。

---

1. 罗伯特·彭斯（Robert Burns）是著名的苏格兰诗人。爱丁堡人对彭斯极为推崇，甚至将每年的 1 月 25 日（彭斯的生日）当成节日来庆祝，并命名为"彭斯之夜"（Burns Night）。——译者注

奇怪物质——核酸

　　果然，毒气的使用大大增加了异变的数量——这一结果，在战争结束之前一直保密。

　　这时，基因看起来就好比一个"靶心"。每次发射 X 射线都会对它造成伤害，而且射线越多，命中的概率就越高。这个"靶心"肯定是某种化学物质。

　　许多年前，瑞士生物化学家米歇尔就对他在细胞核中发现的一种奇怪物质[1]十分感兴趣。不仅如此，他发现这一物质在精子和卵子中的含量也相当丰富。

1. 在 1869 年，弗雷德里希·米歇尔（Friedrich Miescher）就从白细胞的细胞核中分离出一种富含磷酸盐的化学物质，他称之为"核素"（nuclein，今称核酸）。——译者注

感觉好点了吗？……
真让人同情！……

想要找到并确认这种物质，需要研究大量细胞。脓液中含有大量的白细胞，是个不错的观察对象。米歇尔造访败血症患者的病房，带走了病人的绷带，上面满是难得的细胞组织。

核酸

米歇尔需要的材料中含有某种只能在细胞核中找到的物质。我们将他首先发现的这种新物质称为"核酸"（nucleic acid）。细胞核中还有大量蛋白质。核酸和蛋白质，也许其中有一个与遗传有关，而且，如果真是这样，似乎蛋白质的可能性更高。

蛋白质 vs 核酸

蛋白质由一种叫氨基酸的化学物质组成。人们已经发现了 20 多种蛋白质,其化学结构迥然不同。蛋白质非常复杂——也许,其复杂程度跟基因差不多。

与蛋白质相比,核酸似乎不太具有竞争力。核酸由 4 种化学物质构成,每种化学成分都十分相似。这样,它似乎不太可能包含基因传递的所有遗传信息。因此,多年来,核酸一直被贬称为"单调的物质"。

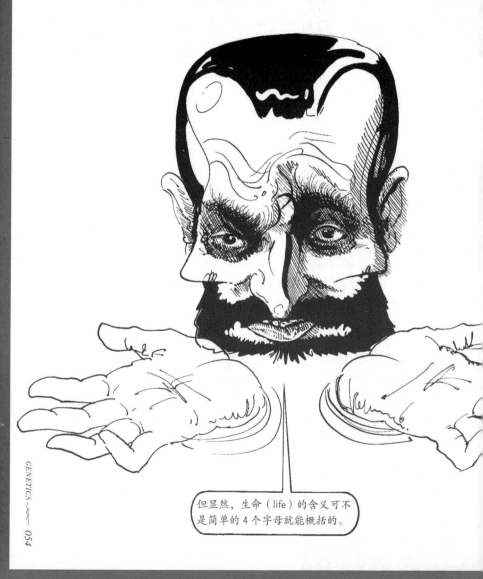

但显然,生命(life)的含义可不是简单的 4 个字母就能概括的。

核酸与转化实验

不过，人们很快就发现了有力证据，其显示核酸确实与遗传有关。1944年，埃弗里、麦克劳德和麦卡蒂正在协同研究急性肺炎——那种当时每年导致数千人（尤其是士兵）丧生的疾病。

他们在实验室培育细菌时，发现了两种菌落：就像豌豆一样，或表面光滑，或表面粗糙。他们将这两类菌落注射入小白鼠的体内，可以得到这两种菌落的杂交品种并仔细观察感染过程中出现的情况。

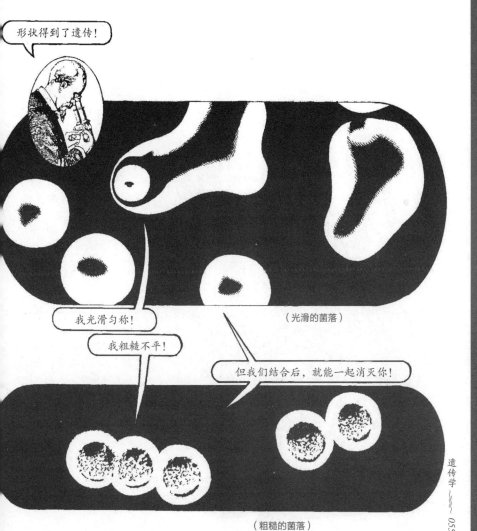

（光滑的菌落）

（粗糙的菌落）

所以，细菌中也存在基因。
很快，人们就有了一个惊人发现。

生物学家们从灭活菌落中提取基因，加入活体肺炎菌落中，成功改变了肺炎菌落的形状，这种变化还会遗传给下一代！

遗传物质已被发现。其发现者把这种现象称为"转化作用"。这一神奇现象的原理中一定包含能够控制菌落形状的信息。

有了这种神奇的物质，我就可以把粗糙的外形变得光滑，然后再变回来，就像之前那样！

不久后，转化实验的原理证明这种物质是核酸而不是蛋白质。

RNA 与 DNA

核酸无处不在。它主要分为两种，人们根据其含糖类型来命名。

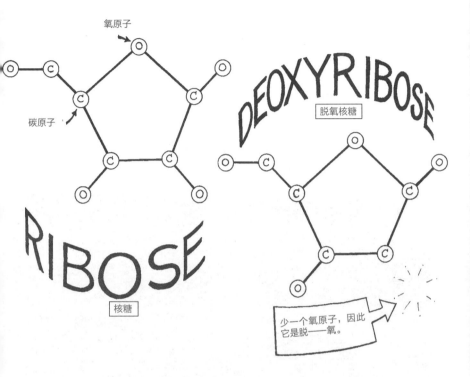

氧原子

碳原子

DEOXYRIBOSE

脱氧核糖

RIBOSE

核糖

少一个氧原子，因此它是脱——氧。

　　人们在比细菌更高级的其他生物细胞——有单独的细胞核，其所含信息会传递给下一代——的细胞核和细胞质中都发现了核糖核酸（RNA）。另一种核酸——脱氧核糖核酸（DNA）则仅存在于细胞核中。

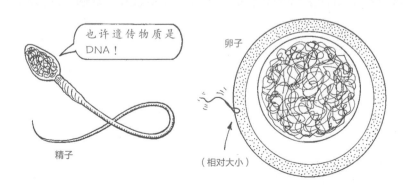

也许遗传物质是DNA！

卵子

精子

（相对大小）

噬菌体的"功劳"

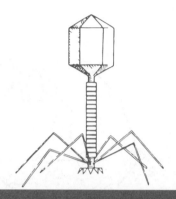

很快，证据就找到了。

病毒（virus）个体微小，结构非常简单，只能寄生于其他种类的生物体内。

有一种病毒——噬菌体（会吞噬宿主细菌）——能侵袭细菌。

噬菌体由 DNA 和包裹在 DNA 外的蛋白质组成。人们使用不同的放射性物质标记 DNA 和蛋白质，发现只有 DNA 进入了宿主细菌内部。很快，噬菌体就开始复制增殖，出现成千上万包含 DNA 和蛋白质的子代噬菌体。

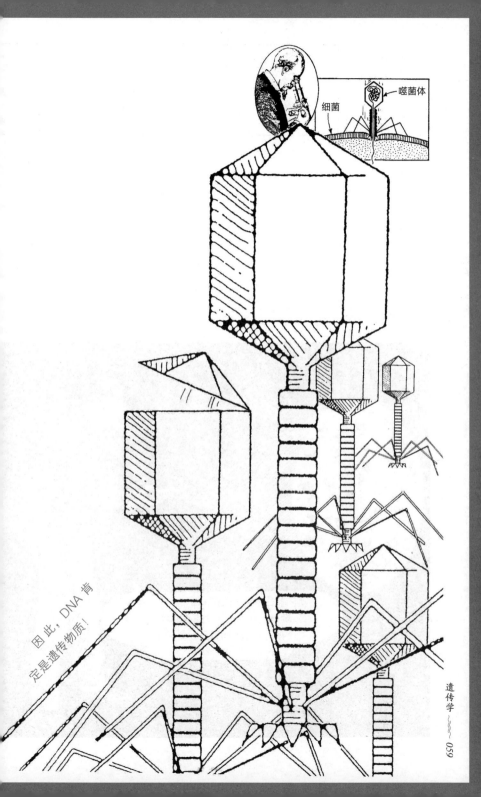

噬菌体

细菌

因此，DNA 肯

定是遗传物质！

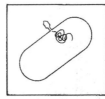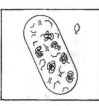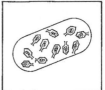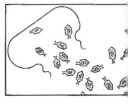

　　但是这样一种简单的物质如何能做到自我复制并将遗传信息一代又一代地传递下去呢？

　　其实早有暗示。DNA 仅有 4 种成分——腺嘌呤（adenine, 缩写为 A）、鸟嘌呤（guanine, 缩写为 G）、胞嘧啶（cytosine, 缩写为 C）和胸腺嘧啶（thymine, 缩写为 T）。不同生物体内含有的这 4 种成分的数量不同，但腺嘌呤（A）和胸腺嘧啶（T）的比例以及鸟嘌呤（G）和胞嘧啶（C）的比例永远相等。

沃森与克里克的发现

　　20 世纪 50 年代早期，美国生物学家詹姆斯·沃森来到英国剑桥。他被指派去研究生物化学领域的核酸问题，但发现自己对此不感兴趣。不久以后，他认识了弗朗西斯·克里克——伦敦大学学院高尔顿学院的物理系毕业生。

　　他们两人都对生物分子的结构十分感兴趣，还希望用物理方法来研究晶体。后来他们也承认，在当时竞争激烈的晶体学研究领域中，他们不过是凑凑热闹罢了。

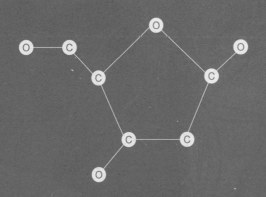

他们把大多数时间都消磨在剑桥老鷹酒吧里了。

罗莎琳滤·富兰克林

沃森被派去研究一个自己并不感兴趣的生物化学问题。

我从来没见过沃森这般谦虚过。

舒服

《双螺旋》

物理学方法确实有效。如果用 X 射线照射在晶体上，一些射线可以穿透晶体，一些会反射回来。人们再借助巧妙的数学方法就可以推算出晶体的形状。这种感觉就像是一个盲人斯诺克球员在球桌上任意一端开球，他通过感知球弹回的角度和力度、计算已入洞不会反弹回来的球，盲人球员就可以得出球洞的形状和位置。

　　罗莎琳德·富兰克林，那位治学严谨且技术娴熟的晶体学家，在利用 X 射线衍射分析 DNA 化学结构方面做了许多基础性工作，但她运气不太好——没有研究出 DNA 的最终结构。而且，她毕竟是个女人啊！她离世后[1]，才有人得出了 DNA 的完整结构。

1. 此句译自 "she died before…"，但与事实有出入。罗莎琳德逝世于 1958 年，而公认的 DNA 结构的发现时间为 1953 年。实际上，正是基于罗莎琳德的重要数据和关键线索（尤其是她拍摄的 DNA 分子衍射图像），沃森和克里克才实现了研究的突破。而且，罗莎琳德和戈斯林也于 1953 年发表论文表示自己的数据与沃森和克里克的模型相符。——编者注

沃森和克里克认真观察了 X 射线照射 DNA 时出现的衍射图。许多其他的科学家，包括美国著名化学家莱纳斯·鲍林，也在观察衍射图，而且采用的技术比他们更高端。不过，很遗憾的是他们没有在合适的时机里表现出足够的洞察力。

1953 年的一天，沃森和克里克得出了对 X 射线衍射图最好的解释：DNA 为双螺旋结构，就像螺旋楼梯一样。突然，似乎一切都对得上了。

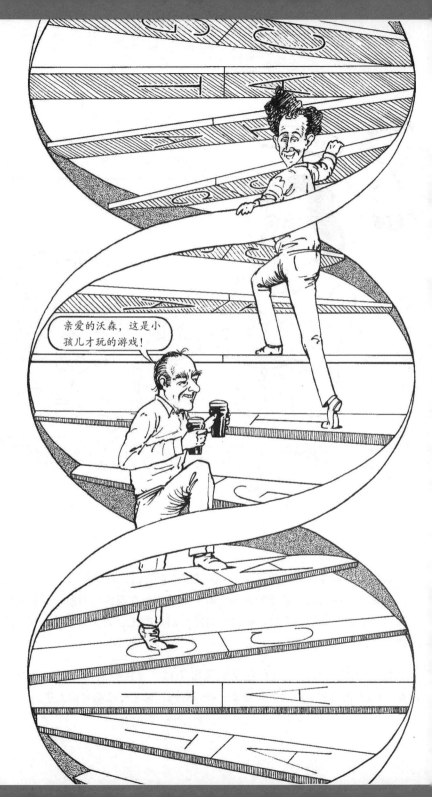

也许，形成螺旋结构的两条链能结合在一起正是因为不同碱基间能够互相配对（这有点像玩多米诺骨牌）：一个数字必须找到配对的另一个数字。在 DNA 里就是腺嘌呤（A）和胸腺嘧啶（T）配对，鸟嘌呤（G）和胞嘧啶（C）配对。

　　DNA 的双螺旋结构已经暗示了 DNA 是如何复制的。1953 年，沃森和克里克在科学杂志《自然》上发表论文公布了他们的研究结果，并有些自鸣得意地表示：

验证 DNA 的复制机制

  5 年后，两位美国细菌学家，梅塞尔森和斯塔尔证明沃森和克里克的发现是正确的。他们利用细菌的"食物"，用重元素给细菌的 DNA 做标记。

之后的每一代细菌，则以含有普通轻元素的东西为食。

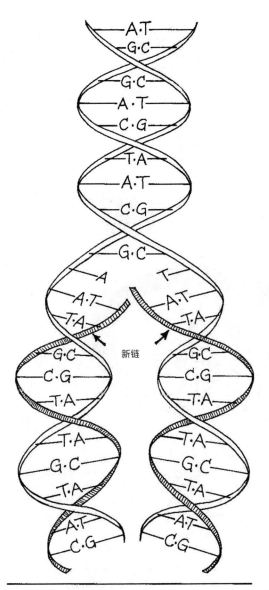

新链

科学家们通过观察这些细菌的 DNA 是否容易悬浮来衡量 DNA 的重量。他们观察每一代细菌，发现最初具有重元素的那条 DNA 链保留了下来，但是具有轻元素的 DNA 链数量逐渐超过了具有重元素的 DNA 链数量。最初那条具有重元素的 DNA 链通过坚持不懈地自我复制，保留了下来，而且其后代也在继续那样做。一条 DNA 链作为模板，复制创造另一条 DNA 链。这种复制方法只能保留住 DNA 原始结构的一部分。

除了一些细节之外——比如已知参与其中的一些特殊酶或聚合酶——这基本上就是 DNA 复制的大概过程。但我们仍遗留了一个没有回答的重要问题：基因信息是如何编码到 DNA 中的？

DNA 信息的编码与传递

人们开始假设 DNA 和染色体图谱是一样的，只不过 DNA 的规模更小——那些排列有序的字母，包含了使果蝇和人类成为生命体的指令。

接下来的任务就是破译密码。

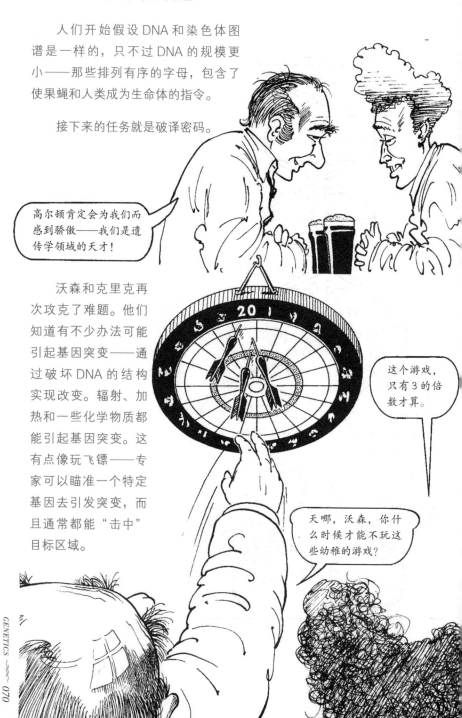

高尔顿肯定会为我们而感到骄傲——我们是遗传学领域的天才！

沃森和克里克再次攻克了难题。他们知道有不少办法可能引起基因突变——通过破坏 DNA 的结构实现改变。辐射、加热和一些化学物质都能引起基因突变。这有点像玩飞镖——专家可以瞄准一个特定基因去引发突变，而且通常都能"击中"目标区域。

这个游戏，只有3的倍数才算。

天哪，沃森，你什么时候才能不玩这些幼稚的游戏？

有些化学物质用某种奇怪的方式损坏 DNA——它们把自己精确地插入 DNA 信息中。另一些化学物质则把 A、G、C 或者 T 单独从 DNA 信息中剔出来。

沃森和克里克把其化学"飞镖"瞄准了噬菌体的 DNA。只命中一次时，噬菌体不能生长。两次命中，也是同样的结果。然而，如果在 DNA 信息中成功插入 3 个额外"字母"，噬菌体基本就能正常生长。他们建议，解读 DNA 代码需要以 3 个"字母"为一组，从 DNA 的一端到另一端——解读。如果只有 1 个或 2 个额外"字母"，那么 DNA 信息就会被打乱。如果恰好插入 3 个"字母"，DNA 信息就会变得有意义，正常运作。

吉姆喝的是杜松子酒而不是朗姆酒。

JIM HAD THE GIN AND NOT THE RUM

（插入 1 个字母）

JIM HAD THE BGI NAN DNO TTH ERU M

（插入 2 个字母）

JIM HAD THE BIG INA NDN OTT HER UM

吉姆喝的是大杯杜松子酒而不是朗姆酒。
（插入 3 个字母）

JIM HAD THE BIG GIN AND NOT THE RUM

简而言之，可以说遗传信息由总共 4 个不同字母（A、T、C、G）组成的 3 字母单词这样简单的语言传递表达。

所有遗传信息的编码都在细胞的控制中心——细胞核中进行。实际上，大部分合成蛋白质的重要工作都在细胞核以外的其余组织内完成。那么，信息又是如何从管理层转移到车间的呢（以老鹰酒吧为例，信息是怎么从顾客那里传到酒吧柜台的呢）？

另一种核酸，核糖核酸（RNA），就参与了这一过程。核糖核酸有好几种类型。其中一种是信使 RNA（mRNA），它将细胞核中的 DNA 指令带到由核糖体 RNA 形成的生产线。在生产线上，有一群专业工作者，即转运 RNA（tRNA），带来合成蛋白质的部分原材料，并将它们连接在一起。

DNA 信息被读取并合成信使 RNA 的过程叫作转录（transcription）。合成蛋白质的本质就是遗传信息的翻译（translation）。生物抗生素（如链霉素）和细菌毒素（如白喉毒素）就是通过阻断转录过程的其中一方来发挥作用的。

沃森一直信心满满地称其为分子生物学的"中心法则"。

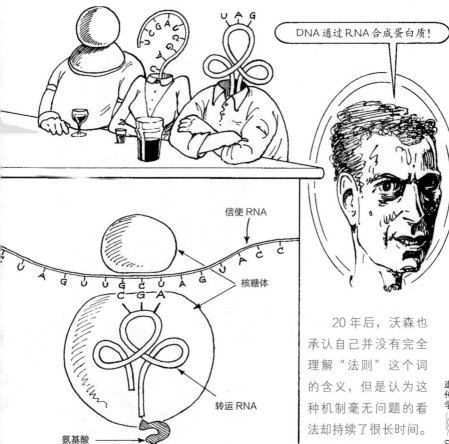

DNA 通过 RNA 合成蛋白质！

信使 RNA

核糖体

转运 RNA

氨基酸

20 年后，沃森也承认自己并没有完全理解"法则"这个词的含义，但是认为这种机制毫无问题的看法却持续了很长时间。

人工合成蛋白质

不久，有人提出了制造人工 DNA 的好想法：4 种碱基按不同比例混合，再加上构造蛋白质的其他部分和一些酶及原材料。奇迹发生了！人们当真在试管中制造出了蛋白质。

先造蛋白质，再学弗兰肯斯坦（Frankenstein）造人！

人们通过改变 A、G、C、T 这 4 种碱基的比例，可以在不断增长的蛋白质链中加入不同的氨基酸。如果提供了多种不同编码，通过分析解码，观察合成了哪种蛋白质，就可以快速推断出每一种氨基酸对应的 DNA 密码。

氨基酸与密码子

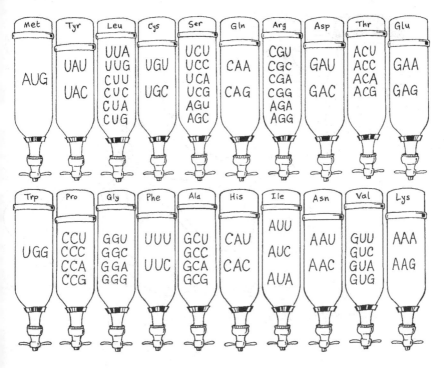

20 种氨基酸中的每一种都有自己的密码子。理论上，用由 4 种不同字母组成的包括 3 个字母的单词一共可以有 64 种组合方式。但有时好几个 3 字母密码对应同一个氨基酸——这样的密码子就是冗余的。

氨基酸鸡尾酒的快乐时光。

你被解雇了！

这种情况通常是因为 3 字母密码的最后一个字母发生了改变。其原因也许是最后一个字母不如前两个字母重要。克里克的"摆动学说"就指出信使 RNA 与第 3 个字母的结合并不紧密。

有一种由3个字母组成的密码子（AUG）可以表明生产线什么时候开始运作。还有3个密码子（UAA、UAG、UGA）表明在哪里停止生产。

UGA（终止密码子，表示停止）

细菌和人类的遗传密码惊人地相似，也许遗传密码在地球生命历史的早期就出现了。

所以，情况似乎就是这样：相当简单。正如摩尔根通过果蝇实验发现的那样，遗传指令是从一端读入另一端，按顺序排列。信息在同一条直线上，基因彼此相邻排列，DNA信息被直接转录到RNA中，RNA又决定了蛋白质中氨基酸的顺序。

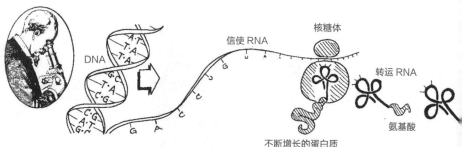

基因变异似乎也很简单。密码子中的任何一个字母发生改变，基因都无法正常工作。有时，氨基酸的密码子变为终止密码子——正如人们的预期，蛋白质链就会在那一点停止合成。

细菌的繁殖方式及其基因图谱

当然，还需要解决一些细节问题。

这时，细菌再次派上用场。细菌的性繁殖方式特殊且复杂，其基因交换的方式多样。有的细菌甚至是"感染型遗传"——病毒携带一个细菌基因，并转移到另一个细菌中，以入侵传染的方式完成基因遗传。（也许性病的出现远远早于性行为！）

还有一种细菌的繁殖方式比较常见："雄性"细菌将 DNA 复制后传递给"雌性"细菌。整个过程总是从染色体的某个地方开始启动，持续约 1 个小时。

法国科学家弗朗索瓦·雅各布和雅克·莫诺进行了一项严格的实验，他们观察和利用细菌的长期繁殖，绘制出细菌基因的排列顺序图谱。

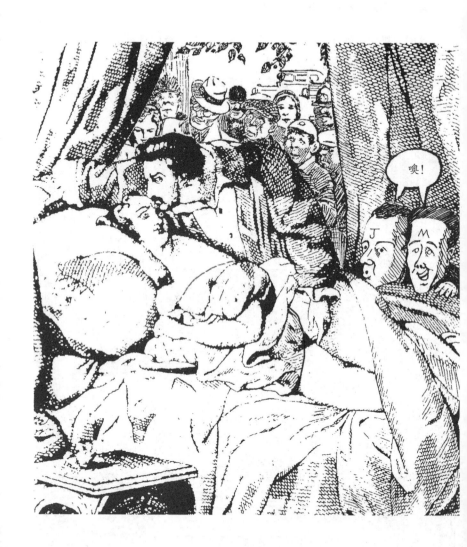

　　他们在细菌繁殖时，将它们放进嗡嗡作响的搅拌机里。这一意外打断了细菌的繁殖进程——只有部分 DNA 信息被置入"雌性"细菌。间断性地打断繁殖进程，可以得到不同长度的基因片段。雅各布和莫诺发现了越来越多的"雄性"基因片段，正好显示了基因的排列方式——这为基因图谱的制作提供了一个新的切入点。

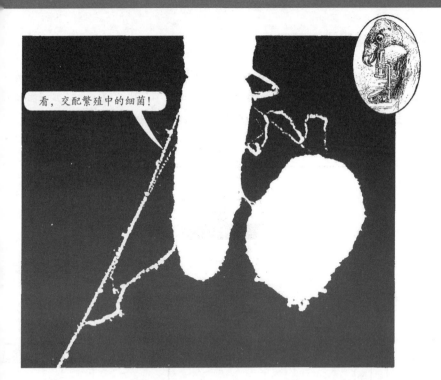

细菌的 DNA 图谱看起来和斯特蒂文特基于杂交实验得到的果蝇图谱十分相似——基因按照顺序依次排列。

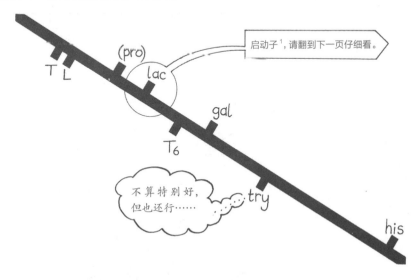

启动子[1]，请翻到下一页仔细看。

1.lac 代指启动子（promoter），一般指乳糖启动子，来自乳糖操纵子。启动子是 RNA 聚合酶识别、结合和开始转录的一段 DNA 序列，它含有 RNA 聚合酶特异性结合和转录起始所需的保守序列。没有启动子，基因就不能转录，启动子本身不被转录。——译者注

操纵子及基因排列顺序

很快，其他问题也变得清晰起来——细菌内部，同类基因紧密相连。每组基因——操纵子[1]——制作单独的信使 RNA 分子，能够编码一系列功能性蛋白质。实验进行到这里，一切十分顺利，操纵子也是线性排列的。

乳糖操纵子

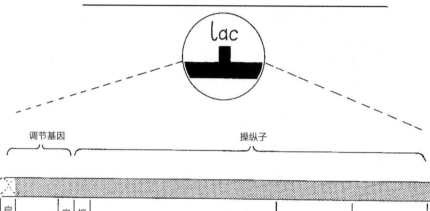

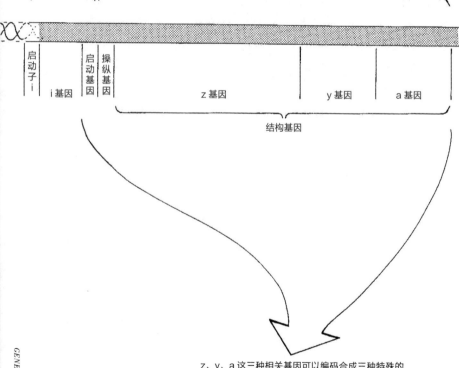

z、y、a 这三种相关基因可以编码合成三种特殊的蛋白质——酶——能够帮助细菌分解乳糖。

---

1. 操纵子（operon）是包含结构基因、操纵基因以及启动基因的一些相邻基因组成的 DNA 片段，形成了一个共同的调节单位。其中，结构基因的表达受到操纵基因的调控。——译者注

雅各布　　　　　　　莫诺

不过，他们发现了意外之喜。

细菌的基因不是按直线排列的——它们的染色体是呈圆环形的！它们的基因也组合排列成环形。

环形染色体开始出现在各个角落。

许多细胞的细胞核外也存在大量 DNA，多数是在线粒体中。线粒体可以释放来自食物中的能量。植物细胞的叶绿体中也有不少 DNA，叶绿体可以通过光合作用转化能量，同时反射太阳光中的绿光，使植物呈绿色。

人们尝试用线粒体和叶绿体中发生的突变做交叉实验，发现这两个"场所"中的基因也存在一个奇怪的遗传模式。

与斯特蒂文特在果蝇实验中的发现类似，这些基因似乎遵循某种特殊的规则。因此，基因图谱的绘制难度仍然远超预期——不同实验得到的基因排列顺序一直在变化。

1954 年，露丝·赛杰突然灵光一闪。她从不同位置剪下环形片段，以此改变基因的排列顺序。

这样就都说得明白了！叶绿体的基因组是环形的！

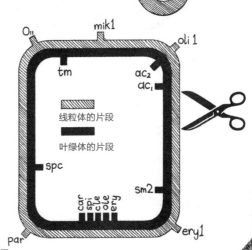

环形片段

线粒体的片段

叶绿体的片段

因此，撇开细节不谈，遗传学还是很简单的——生命是线性的（虽然这条线可能是环状的），就像汽车说明书一样，它是用简单的语言编写的。这些基因——像手册一样——可以被从头读到尾，不同部分能够对不同环节进行指导。

显而易见的是，基因的数量肯定不少——或者说每个基因序列都很庞大。人类的 DNA "手册"中有超过 30 亿个 DNA "字母" ——人体中的每一个细胞都有 6 英尺（合 1.8288 米）长的 DNA 链！即使是一个细菌的 DNA 链也有大概 1/20 英寸（合 0.00127 米，即 1.27 毫米）长。为了节约空间，DNA 链必须紧紧地缠绕在一块儿。

在我打结缠在一起之前记得提醒我基因是关于什么的东西。

我们先暂停一下基因的故事，给大家补补课——到目前为止涉及的生物学基础知识。几乎所有生物都由细胞这种高度组织化的结构组成。细胞主要分为两种。

复合多糖的细胞壁

细胞膜

核糖体

环状 DNA 中的单链

细胞质（由水和复杂分子组成的胶质液体）

体积小、结构简单的原核生物（例如细菌）细胞，它没有细胞核，主要以二分裂方式繁殖。

"典型的"真核生物（例如动物这样的复杂生物）细胞，其体积约为原核细胞的数千倍，有细胞核且结构复杂。

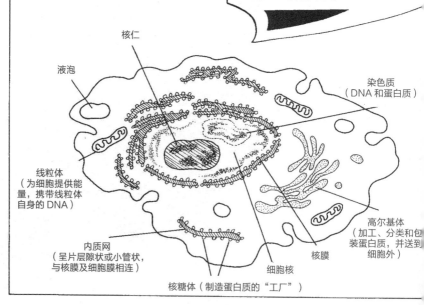

核仁

液泡

染色质（DNA 和蛋白质）

线粒体（为细胞提供能量，携带线粒体自身的 DNA）

高尔基体（加工、分类和包装蛋白质，并送到细胞外）

内质网（呈片层隙状或小管状，与核膜及细胞膜相连）

核膜

细胞核

核糖体（制造蛋白质的"工厂"）

JARGON - A SUMMARY

生物体几乎所有的细胞都携带着其 DNA 信息的完整拷贝，但也有例外……

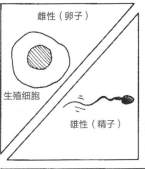

雌性（卵子）

生殖细胞

雄性（精子）

各携带一半数量的染色体……

我们一起来造人！

精子和卵子融合后拥有完整的一套 DNA 信息（人类有 46 条染色体），然后开始发育成为一个独特的新个体。

受精卵分裂……

长话短说！

二次分裂……

迅速制造出许多细胞，然后形成一个胚胎，再发育为胎儿……

这些细胞最终在生物体内分化为具有不同形状和特定功能的细胞类群。

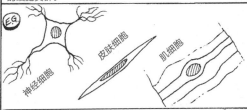

EG.

神经细胞　　皮肤细胞　　肌细胞

此时，所有细胞都有一套原始染色体的完整复制信息。

我们再来谈谈典型的人类细胞：细胞核内有 46 条螺旋伸展的 DNA 链（即染色体）。

当细胞准备分裂时，染色体就开始自我复制。

原始染色单体和复制后的染色单体连接在一起。

原始染色单体

复制后的染色单体

着丝粒（结合点）

之后它们不断缩短变粗，高度螺旋形成棒状（可以在显微镜下观察到）。

细胞核周围的核膜逐渐消失……

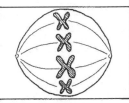

……原始染色单体和复制后的染色单体整齐排列在纺锤体上。

（为了简便，此处只画了 4 条染色体。）

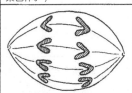

之后，原始染色单体和复制后的染色体由纺锤丝牵引分开。

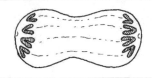

染色体被牵引到两极后，纺锤体消失。

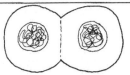

细胞膜向中间内陷，逐渐形成 2 个细胞核，染色体变成丝状染色质，细胞最终完成分裂。

那么性细胞是怎么遗传的呢？

遗传学 ～～ 085

HEREDITY

人类的 46 条染色体可以分为 23 对同源染色体（形状基本相同的染色体）——这是一套典型的雌性染色体……

这肯定是一套雌性染色体，因为最后一对染色体有 2 条 X 染色体。一套雄性染色体中，会有一条 Y 染色体替代其中一条 X 染色体。有 Y 染色体的就是雄性。雌性和雄性的其他 22 对染色体完全一样。

那到底是什么决定了婴儿是男孩还是女孩，蓝色眼睛还是棕色眼睛，黑发还是金发呢？是性细胞，它就是关键。

性细胞会经历特殊的两次分裂。	同源染色体之间随机交换 DNA 片段，实现基因重组。	首先，同源染色体被分开，各自到达两极……
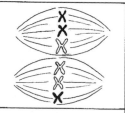	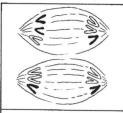	

第一次分裂前，同源染色体配对（图中只显示了 3 对）。

（与之前一样）同源染色体的 4 条染色单体排列在纺锤体上。

当该纺锤体消失后，在原来位置的垂直方向形成 2 个新的纺锤体。

先前在两极的两组染色体分别排列在各自的纺锤体上。

染色体分离，从而形成 4 个新细胞，有 4 个细胞核。

这 4 个细胞各自拥有原细胞染色体一半数目的染色体。

哪条复制的染色体进入哪个细胞中，完全随机——它们各自是独立的，互不干扰。

子代的性别也是随机的：精细胞携带一条 X 染色体和一条 Y 染色体，卵细胞携带 2 条 X 染色体。当染色体各自组合时，生男孩和生女孩的概率大致相同。

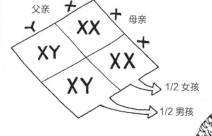

父亲

母亲

XX

XY

XX

XY

1/2 女孩

1/2 男孩

都在细胞核里！

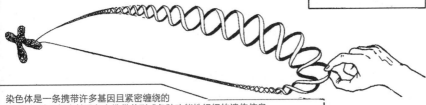

DNA 的奇妙之处不仅体现在它对细胞内部结构的管理和调节上，更体现在它能够有效引导生物发育与生命机能运作上。

染色体是一条携带许多基因且紧密缠绕的 DNA 长链。每个基因各自携带着形成各种功能性组织的遗传信息。

糖－磷酸构成双螺旋结构的 DNA 骨架，中间由互补配对的碱基

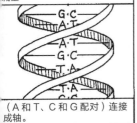

（A 和 T、C 和 G 配对）连接成轴。

遗传信息通过碱基—— 4 个字母进行编码。

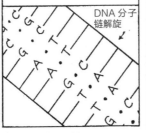

DNA 分子链解旋

一条 DNA 链上的遗传编码由酶转录，通过碱基互补的原则生出一条带有互补碱基的信使 RNA。

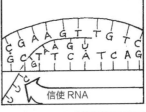

信使 RNA

信使 RNA 移动到由蛋白质和转运 RNA 构成的核糖体上，它们开始共同翻译遗传密码……

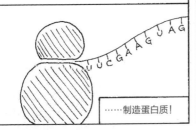

……制造蛋白质！

信使 RNA 上每 3 个字母一组的密码子在转运 RNA 的头部都能找到互补的 3 个反密码子。

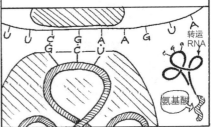

转运 RNA

氨基酸

一种氨基酸（共 20 种）由一个转运 RNA 带到核糖体，再离开转运 RNA，和其他氨基酸连接在一起。

蛋白质

信使 RNA 移往其他核糖体，其他元素各自分散，需要时再重新聚集。

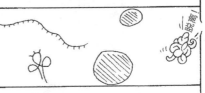

脱离！

不断变长的氨基酸链折叠缠绕形成蛋白质（许多蛋白质都是酶）

与此同时，新合成的酶在生物体细胞的其他重要生化反应中起到催化作用。

以上就是必要的基础知识，接下来我们继续回到先前的情节中去。

遗传学

研读 DNA "手册"

　　下一步也非常明确。为了进一步了解生命体的工作机制，生物学家们必须从头到尾仔细研读 DNA "手册"。生物学家们都期待这种物理图谱——依据 DNA 基本单位实际顺序描绘的图谱——应该与基于交叉实验的常规关联图谱相似。

　　毋庸置疑，更多的基因图谱将会出现。人们对关联图谱所知甚少，所以一定会对人类的基因图谱非常感兴趣。

　　制作新的图谱需要一定的技术支持和大量资金。所以，遗传学不再是一门低成本的科学研究。

真可怜，他过去就一直是个穷科学家。

求好心人资助，养活妻子，开展人类基因图谱研究计划。

限制酶、聚合酶及电泳法

许多科学技术都是从研究细菌的交配繁殖过程中获得启发而产生的。

细菌有许多不同的繁殖方式。有时，细菌甚至会利用病毒来传递基因，这其实就是所谓的"性"行为。

这种特殊的细菌习性在分子遗传学中显得尤为重要。

如果细菌感染了带病毒的 DNA，它们可以用一种特别的"分子剪刀"——限制酶剪掉被感染的部分。

限制酶切割 DNA 的特定位置，每种限制酶在 DNA 链上有自己对应可识别的特殊 DNA "字母"（核苷酸序列）。限制酶种类繁多，每一种都有自己特定的切割位置。

限制酶也可以切割人类的 DNA。另外，某些病毒——或者是质粒（plasmid），即细菌 DNA 的小片段——可以吸收并组合剪掉的 DNA 片段。它们带着组合后的 DNA 片段进入细菌后，细菌会把外来 DNA 当作自己的 DNA 对待。

质粒

哎呀!

发动机。不用拆下软管，松开并拆下两个螺母和螺栓，它们把汽车排气管夹具固定在连接冷却水管的岐管上，然后拆下这些管线。接下来，将车速表电缆 我们要去采摘他儿子辛苦劳作的成果。你那自大的心盛满了破碎的仇恨。可最近，却不断被压缩、编织、融合为一体。这一颗破碎的心必须被温柔、小心翼翼地呵护起来。年轻的王子勒德洛（Ludlow），即将去注伦敦，接受加冕 与变速器分开。拧松螺母并取出电缆。先检查车后轮，然后顶起车前部，以位于前纵梁中间的牢固轴座作为支撑……1

人类基因被克隆，又制作成重组基因。当然，这是一种新的重组方式——人与细菌间的"繁殖"方式，两种完全不同的生物之间的基因交换。简直太神奇了！

1. 这是一本汽车手册，中间插入了一段其他文字。作者想借此说明基因也可以中途插入其他 DNA 片段。——译者注

培育出这样的一大桶细菌，你就可以拥有数百万的基因拷贝，随时可以用于研究，甚或其他用途。

酵母的细胞也可以作为这类研究对象。酵母的细胞可以吸收、组合甚至繁殖出更长的人类基因片段。这类片段被称为 YAC（yeast artificial chromosome，酵母人工染色体）。

增加基因数量的另一个简单办法就是无性繁殖。

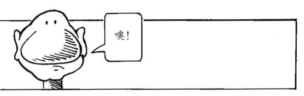

噢！

普通细胞分裂和有性繁殖过程中的 DNA 复制环节需要一种特殊的酶，聚合酶（polymerase）。互补 DNA 链的小片段，即引物（primer），会告知聚合酶何去何从。然后，聚合酶就开始复制合成 DNA。

一些聪明的想法总能创造奇迹。有一种聚合酶是从一种生活在温泉中的细菌体内获得的，它在高温下也能保持活性。受此启发，人们将 DNA 序列模板加入聚合酶和 DNA 碱基混合物之中，通过加热和冷却，可以得到一系列连锁反应——制作出原始 DNA 模板的数百万份拷贝。这一过程被称为聚合酶链式反应。

加入一小捧 G。

太棒了！之后再放进冰箱里冷却。

我的体育老师说加热跟有性繁殖的效果差不多，但速度更快！

人们采用克隆技术或者通过聚合酶链式反应，获得许多高纯度的 DNA 片段，之后就可以读取 DNA 的"字母"顺序了。当然这也需要新技术的支持。其中一种办法是采用限制酶剪切一定长度的 DNA 片段。限制酶可以剪切某些特定的组合片段（核苷酸序列）。

　　人们又利用电泳法（electrophoresis）将获得的不同长度的 DNA 片段分开——借助电流，带 DNA 片段通过分子迷宫。这就像促销的第一天——瘦小且身手敏捷的人比偏胖而行动缓慢的人穿行的速度更快。开门放行的一瞬间，拍照的话，可以看到许多身材不同的人挤了进来。不过，重要的是这些购物者——或者说 DNA 片段，可以根据体积大小分隔开来。

现在我们有了许多 DNA 片段，可以仔细、缓慢地耐心解读这些片段。我们取出一个 DNA 片段作为蓝图，然后用它复制一系列的 DNA 片段副本。我们从蓝图的一端读到另一端，逐渐增加 DNA 拷贝片段的长度。每添加一个"字母"就中断其复制进程，这也意味着复制后的 DNA 片段会比之前的片段略长。这些 DNA 片段也可以通过电泳法分开。

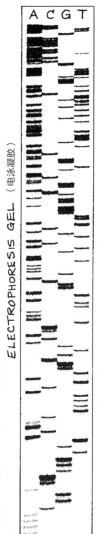

ELECTROPHORESIS GEL （电泳凝胶）

A C G T

DNA 片段的字母长图看起来有点像棵圣诞树。人们只需阅读圣诞树树枝末端的字母，就可以从头到尾地读出整条信息。

有了这些方法和其他技巧，就意味着任何基因中的 DNA 信息都可以被破解。

j

J i

Jl m

JIM h

JIMH a

JIMHA d

JIMHAD t

JIMHADT h

JIMHADTH e

JIMHADTHE g

JIMHADTHEG i

JIMHADTHEGI n

J

J

基因突变

　　20 世纪 70 年代，学会制作分子图谱的科学家们积极行动起来。生物学家们一度认为，基因序列会很快被基本弄清楚，遗传学的研究也就差不多结束了。然后就该回答孟德尔时代提出的有趣问题了：一条简单的遗传信息如何能够最终转化为一个复杂的个体，比如人或者豌豆？

　　1982 年，生物学家们瞩目的遗传学领域遭受了第一个重大打击。科学家们在做杂交实验或研究图谱时认识到，豌豆、果蝇，甚至是人类，每个物种的遗传信息看似简单，但这简单的表象之下是无比混乱的 DNA。

遗传学研究可以暂时歇一会儿了……

噢，感谢上帝！我们已经啰唆了
很长时间了。

第一个被生物学家们重点研究观察的基因是产生血红素
的基因。它是理想的研究对象——制造了大量的高纯度血红
蛋白。这种蛋白质由两种不同的氨基酸链构成。胚胎中有一
种形态与其稍微不同的蛋白，人们在肌肉中又发现了一种与
其相关的蛋白——肌红蛋白。更重要的是，人们已经知道血
红素出现问题会引发许多种遗传疾病。比如，镰状细胞贫血，
世界上最常见的遗传病之一，它就是因为血红蛋白的某个组
成部分发生变化从而导致了血红素的异常。

β 链

α 链

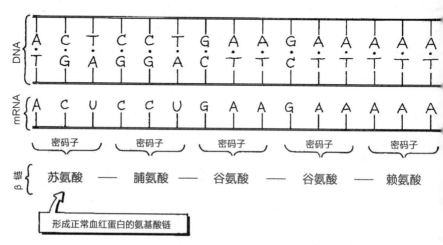

DNA
A C T C C T G A A G A A A A A
T G A G G A C T T C T T T T T

mRNA
A C U C C U G A A G A A A A A

密码子　密码子　密码子　密码子　密码子

β 链 { 苏氨酸 —— 脯氨酸 —— 谷氨酸 —— 谷氨酸 —— 赖氨酸

形成正常血红蛋白的氨基酸链

仅仅是一个碱基的改变导致密码子改变，使氨基酸链中的一个氨基酸也
发生了改变，从而导致血红蛋白发生突变，最终产生镰状细胞。

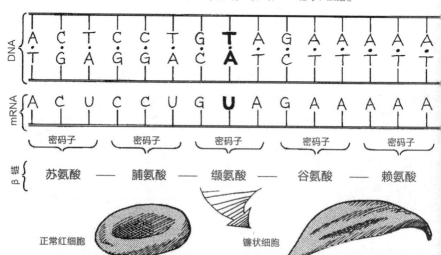

DNA
A C T C C T **G T** A G A A A A A
T G A G G A C **T A** T C T T T T

mRNA
A C U C C U G **U** A G A A A A A

密码子　密码子　密码子　密码子　密码子

β 链 { 苏氨酸 —— 脯氨酸 —— 缬氨酸 —— 谷氨酸 —— 赖氨酸

正常红细胞　　　镰状细胞

很快，几乎所有生物学家都开始着手研究红细胞。

不久，人们就有了不少有趣的发现。

有些研究发现意义非凡。比如，构成血红蛋白的两条氨基酸链的基因各自处于不同位置。它们的基因都是一个相似基因家族的成员，它们彼此紧密相连，共同制造的产物也互相关联。这些相似基因按照生命体发育过程中需要的顺序排列，生成胚胎期血红蛋白的在前，生成成年血红蛋白的在后，生成肌红蛋白的在这两者附近。

生物学家们也有许多意外发现，但都算不上惊人。例如，在一个家庭中，个别成员和其他成员长得有些相像。这一发现确实也没多大意义。此外，许多年前人们就发现了以下这种基因突变：某个密码字母发生变化，使整个密码变为终止密码。如此，这一基因就会衰老，整个被突变，变成假基因[1]——活的基因化石。

　　源于红细胞的各种遗传疾病是由不同基因突变引起的。有些基因突变的原因很简单，比如镰状细胞——只是改变了遗传基因中的某个"字母"。还有一些则是因为丢失了一段完整的基因信息，或是因为某些相邻基因的DNA黏在一起，形成了一种混合蛋白质，从而引起了基因突变。

所有这些现象似乎都说明了同一个观点：基因和蛋白质非常类似，只不过各自处于不同的结构层次中。

1. 假基因（pseudogene）：也叫伪基因，是基因组中存在的一段与正常基因非常相似但不能表达的DNA序列，是没有功能的基因。——译者注

多余的 DNA

紧接着，生物学家们就迎来了第一件令人惊讶的事。他们发现许多血红蛋白的结构和其他基因的结构之间突然失去规律，变得没有意义。孟德尔要是还活着，也会感到头疼！

遗传学家们解读 DNA 的信息发现，每个基因中的 DNA 数量都远远超过其制造蛋白质所需的量。

基因的工作方式就更令人摸不着头脑了。例如，在 β 链将其全部 DNA 信息转录到一段很长的信使 RNA 的正常过程中，出人意料的是，中途有几段 DNA 信息被剪切丢掉了。最后，离开细胞核的是一个剪辑版本。

这就好比车主的英文汽车手册中插入了一些日语。车主要想顺畅地阅读汽车手册，就必须删除混杂其中的日文句子。

Chock the rear wheels, jack up the front of the car and support on の体格を忠実に再現させることになる。axle stands located between the longitudinal members. Move the selector lever to the それはあたかも、生物体が一連の議会選挙区に分けられて、支持する者を当選させるために、各選挙区から代表団が送られてくるかのようだ。この 'D' position. Undo and remove the bolt securing the transmission control cable retainer to the casing. Undo the two control cable adjustment locking nuts and pull ジェミュールは血流に送りこまれる。それから生殖細胞に再び集まり、親 ダーウィンにとってこの仮説は、獲得形質の遺伝をみごとに説明するものだった。たとえばある生物が自分の努力で手足の筋肉を大きくすると、そ the outer の発達した部分から cables 出るジェミュール from the transmission casing. The の数がふえ、生殖細胞に多く集まる。control inner cable may したがって、now be disconnected from the valve block detent rod and the park その生物の努力の実りが、自動的に子孫に遺伝するのだ。lockrod. 逆に、もし手や足などの器官を使わないでいると、そこから出るジェミュ Make a ールの数は減少し、その不足をまた子に遺伝する。この説は、進化における偶発的変異の役割を予期していた人々に強い確信をもたせた。そして note ダーウィン自身がこのような説を容認したという事実は、ラマルク説を再 評価させる要因になった。1870年から、ラマルクの説の再検討が本格化し of the electrical cable connections at the starter た。そしてダーウィンが死ぬ少し前の数年のうちに、ものすごい勢いのラ inhibitor switch and detach the cables. The front of the car should now be lowered to the ground. The weight of the car 、........ unit must now be taken マルク説復活が起こった。

在高等动物的全部基因中，只有部分——有时，甚至是极小一部分——DNA 可以编码合成蛋白质。有时，一个基因会被一系列内含子分割成几十个外显子，这就好比被日语句子分割成几个部分的英文汽车手册。

除了人类之外，其他物种的基因也存在许多毫无意义的片段，但是在制造蛋白质的第一阶段中，这些基因片段仍会被转录。而且，在基因片段之间似乎存在着巨大的空间——差不多有数百万 DNA 碱基那么大，其间有很多信息似乎无法编码。它们根本就不能转录成为信使 RNA。

遗传学 ～ 103

与细菌不同，动植物的大多数 DNA 更像是构成了无意义的荒芜沙漠，而它们的有效 DNA 是其中稀有的绿洲。尤其是蟾蜍和蝾螈，它们的绝大多数基因信息基本上毫无用处。即便是人类也拥有许多毫无意义的 DNA。

许多 DNA 分子"沙漠"——就像撒哈拉沙漠一样——具有很强的复制性。有时，同一条简单的信息可能会被重复几千遍。DNA 信息的字母排列通常呈回文 [1] 顺序：无论从开头还是从结尾读起都是同样的文字。

the broken rancour of your high-swol'n hearts, but lately splinter'd, knit and join'd together, Must gently be preserved, cherished and kept. Forthwith from Ludlow, retsina canister retsina canister retsina canister retsina canister retsina canister retsina canister retsina canister retsina canister able was I ere I saw Elba able was I ere I saw Elba able was I ere I saw Elba able was I ere I saw Elba Detartrated Detartrated Detartrated Detartrated Detartrated Detartrated Madam I'm Adam Madam I'm Adam Madam I'm Adam Madam I'm Adam Madam I'm Adam Madam I'm Adam Madam I'm Adam Madam I'm Adam Madam I'm Adam Madam I'm Adam A man, a plan, a canal, Panama! A man, a plan, a canal, Panama! A man, a plan, a canal, Panama! A man, a plan, a canal, Panama! A man, a plan, a canal, Panama! A man, a plan, a canal, Panama! Glenelg Rotavator Rotavator Rotavator Rotavator Rotavator Rotavator Rotavator Rotavator the young prince: hither to London, to crowned our

---

1. 回文（palindrome）：语言学上是修辞格的一种。它追求字序的往复回绕，使同一词句或篇章既可顺读，又可倒读。英语中著名的回文，如拿破仑被流放时说的"Able was I ere I saw Elba"（在我看到 Elba 岛之前，我曾所向无敌），关于巴拿马运河的"A man, a plan, a canal, Panama"等。生物学上则称为回文序列，特指 DNA 的一种具有反向重复的结构。具有这种结构的 DNA，其一条链从左向右读和另一条链从右向左读的序列是相同的。——编者注

有个别"串联重复"的信息会分散在 DNA 中。每个人有不同数量的重复信息分散在 DNA 的不同地方。无论在哪里发现重复信息，人们只要剪切下该段 DNA 信息，就可以得到一份独特的 DNA 序列组合——"遗传指纹"。

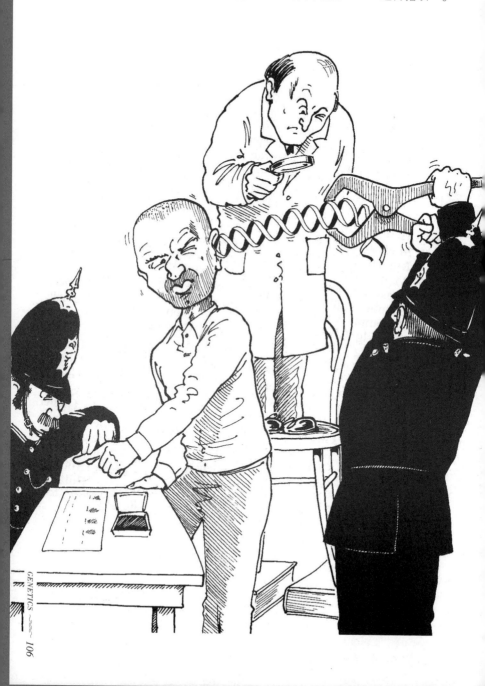

这些多余的 DNA 是从哪儿来的？它们看起来似乎完全没什么作用。

　　细菌和线粒体那奇怪的圆形基因组实际上隐含了一条特别的秘密线索。也许我们的大部分 DNA 曾经都依靠寄生存活！

　　从另一方面来看，细菌和线粒体也存在相似之处。比如，一种可以杀死细菌的毒素同样能杀死线粒体，但不会伤及细胞的其余部分。

也许，线粒体的前身就是一种细菌！很久很久以前，线粒体侵入细胞，寄居在细胞体内，直到后来在细胞体内找到一份"体面工作"，它才摆脱了寄生生活。如果真的是这样，那么高等生物体内的许多 DNA 原本就非常自私，不曾考虑宿主的利益。

连细胞核里的基因也是这般自私自利。比如，一些野生的小老鼠发生基因突变，尾巴变短。通常，遗传两个这样的隐性基因会很危险，尽管短尾巴基因有这种缺陷，但这种遗传现象在某些地方仍十分常见。

如果雄鼠只携带了一条含短尾巴遗传基因的染色体，在制造精子细胞时，其中有一半遗传了突变的基因，这时它们可能就会作弊：使超过一半数量的卵子受精，以保证短尾巴基因可以遗传到下一代。雌鼠当然不乐意，会想尽一切办法拒绝和这样一个携带自私基因的雄鼠交配。

虽然短尾巴基因会殃及后代，但这种基因却依靠这种不公平的方式在鼠群中不断扩散，繁殖后代。

就该用餐刀直接剁掉它们的尾巴！

随后，就有人开始怀疑大多数 DNA 可能都是这样的：也许它们不会给宿主带来什么别的好处，但也不会造成太大的伤害。

基因开始变得不像克里克和沃森想的那么单纯、简单了。

如前所述，生物体内的 DNA 数量比实际需求量要多得多，而且不同生物的 DNA 数量也不同，不过相同点是大多数 DNA 实际上都没什么用。

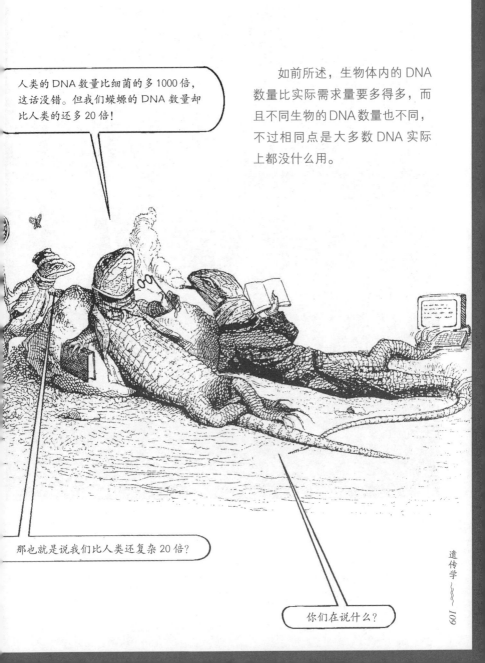

人类的 DNA 数量比细菌的多 1000 倍，这话没错。但我们蝾螈的 DNA 数量却比人类的还多 20 倍！

那也就是说我们比人类还复杂 20 倍？

你们在说什么？

我们从蟾蜍和蝾螈身上还能得到别的暗示。它们大量的多余 DNA 信息几乎都是不断重复的信息。

有时，两个有近亲关系的蟾蜍种类，它们各自带有一段不同的 DNA 序列且重复了上百万次。它们看起来很像，但实际上体内的大部分 DNA 都完全不同。也许这些 DNA 的进化就是为了自身利益，根本就没有考虑过宿主，而且自从它们进化分裂以来，这些 DNA 已经遍及各个物种。

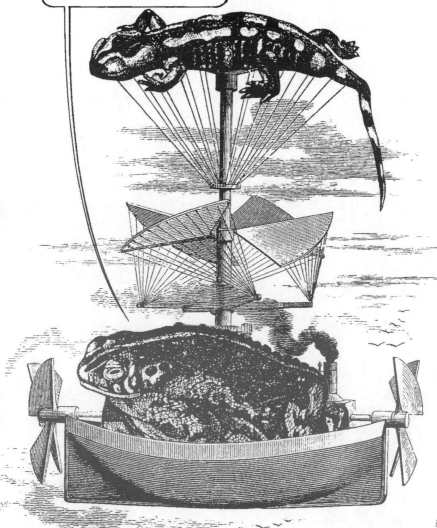

自私的寄生基因

所有拥有多余 DNA 的生物进化得都非常缓慢，几百万年来几乎没有发生什么变化。其中最慢的是肺鱼（lungfish）——可算是"活化石"，它长得像第一批登上陆地的脊椎动物。如今的肺鱼其细胞因装载了大量 DNA 而变得膨胀。但是其化石显示，在很久之前，肺鱼刚上岸转入陆地迅速进化时，它体内的细胞和 DNA 都是正常尺寸大小。也许是后来入侵其体内的 DNA 拖慢了肺鱼原本的进化进程。

lungfish

大多数 DNA，甚至包括人类 DNA 在内，是不是
都很自私，只顾着自己的利益？一有机会，甚至还想
取代宿主？

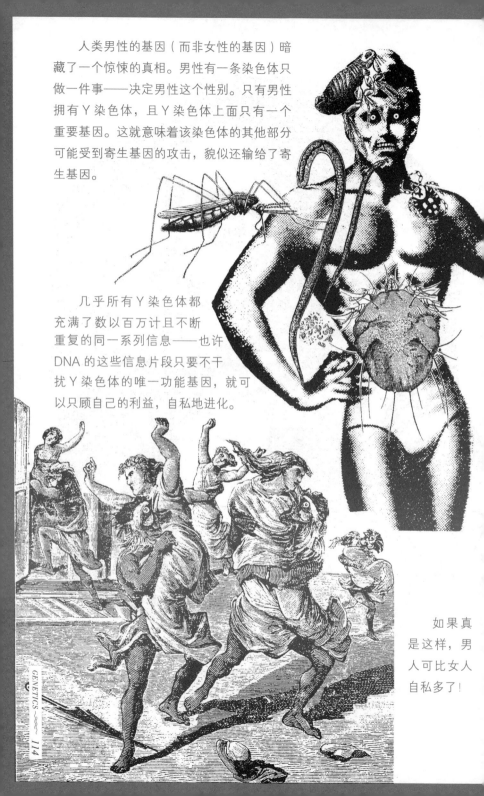

人类男性的基因（而非女性的基因）暗藏了一个惊悚的真相。男性有一条染色体只做一件事——决定男性这个性别。只有男性拥有Y染色体，且Y染色体上面只有一个重要基因。这就意味着该染色体的其他部分可能受到寄生基因的攻击，貌似还输给了寄生基因。

几乎所有Y染色体都充满了数以百万计且不断重复的同一系列信息——也许DNA的这些信息片段只要不干扰Y染色体的唯一功能基因，就可以只顾自己的利益，自私地进化。

如果真是这样，男人可比女人自私多了！

寄生基因甚至会造成基因突变。基因突变的目的一度似乎非常明确，就像飞镖瞄准靶心一样。不过早在 40 多年前，就有人严重怀疑并猜测事情并不简单。20 世纪 50 年代，芭芭拉·麦克林托克全力研究玉米的突变现象。

这些发现大有裨益：随着籽粒的发育，基因也发生着改变，一部分细胞从黄色变为黑色，玉米也就呈现出黄黑相间的样子。

　　和她预想的一样，玉米颜色基因的某些突变现象会反复出现。但如果有另一个基因通过杂交进入玉米体内，玉米从黄色变为黑色的突变率会大幅增加。也就是说，一个基因似乎会引起另一个基因发生突变。不过更令人费解的是，玉米杂交实验显示，每一代杂交后，突变基因在染色体上的位置都发生了改变。

这就是说，这种基因似乎可以四处移动，且无论在哪里"驻扎"，都会造成一定程度的伤害。实际上，这是一种移动基因，它能不时地变更"驻扎地"。它通常不会带来麻烦，但时不时会恰好停在对宿主有害的位置。

现在看来，各种生物的所有突变现象似乎都是同一种原因引起的。在果蝇的遗传学研究中，许多可见的突变现象都是由可移动的 DNA 片段插入功能基因中所致。

至少有一种人类疾病——神经纤维瘤病——就是因为额外的 DNA 片段插入功能基因而造成的。通常，这一类疾病引发的症状很轻，不易察觉，但有时却很重。比如，有人认为象人——约瑟夫·梅里克就是遗传了具有破坏性的异常基因。

分子中的寄生物一逮住机会就会迅速繁殖。其中，有一种寄生基因——大约有 3000 个 DNA 字母那么长——侵入了自摩尔根时代起就常用于实验的果蝇的体内。摩尔根和他的学生在 50 多年前收集的果蝇体内不含 "P" 元素。

但是，同一地方的现代苍蝇却可以把这种带有 "P" 元素的 DNA 短序列复制后插入自己的基因中。时机一旦成熟的话，它们就会出现突变！这种插入实验用果蝇体内的基因似乎是来自南美洲丛林的其他物种。

甚至人类自己的基因也不安全，它们总是在体内纠缠不清。构成"遗传指纹"的 DNA 片段经常在基因组中移动，它们一般不会造成伤害。但在某些遗传病中，人们却听到了更糟糕的消息。

　　"脆性 X 染色体"是先天智力缺陷的最常见诱因。此类病症是由一段移动基因插入 X 染色体造成的。比较父母和孩子的 X 染色体可以看出，每代人的复制信息都会增加，而且如果孩子遗传父母的遗传病，该疾病对孩子造成的伤害将会比父母遭受的更大。

> 我觉得自己越来越脆弱了。

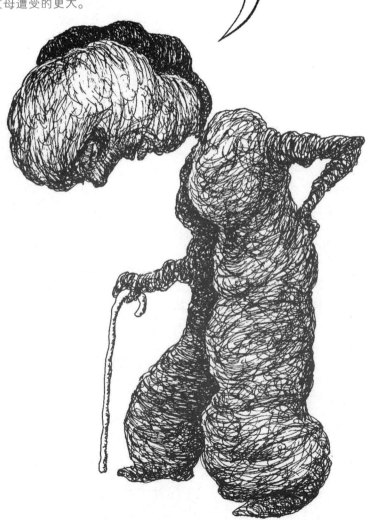

孟德尔的遗传粒子开始有点让人招架不住啊！

但是孟德尔的遗传学原理基本上没有问题。至少，基因序列确实有点像说明书，虽然可能混入了很多毫无意义的"废话"，但总体上还是遵循某种顺序，可以实现通顺阅读。

到了 20 世纪 90 年代，新的恐慌出现了。

人们发现，至少在病毒中，基因可以重叠：一个基因的最后部分可以用在下一个基因的开头。而且，从左到右读完某些基因后，它们会产生一种物质；如果从反方向读起，它们又会产生另一种不同的物质。

甚至，人体内也存在一个基因包含其他基因的情况：一个小基因可能被一个大基因包裹住。

即便是沃森提出的"中心法则"，也不是毫无漏洞！

有些病毒——比如，导致流感的病毒——以 RNA 而不是 DNA 作为遗传物质。它们的 RNA 包含了病毒蛋白质的编码机制。

不过遗传学家们并没有太担忧。许多人觉得，也许 RNA 才是 30 亿年前生命起源时的原始遗传物质。与 DNA 类似，RNA 包含的信息也是由四种碱基（"字母"）组成的编码序列构成，但与 DNA 不同的是，RNA 不借助酶的催化也可以自我复制。

也许，病毒是在远古的进化时期因意外冻结而保留下来的产物。

但更令人感到困惑的是，一些非常微小的病毒似乎根本就没有核酸：它们的遗传信息可能被直接编码合成了蛋白质！

这类病毒中的典型包括造成羊脑部受损的痒病病毒，以及给人类带来类似疾病的病毒——曾经由巴布亚新几内亚的食人族四处传播。

这类新发现的粒子被命名为"Prion"（朊粒、朊病毒），是一类蛋白质病毒粒子（protein virion），又被称为蛋白质侵染因子。

这个命名会让人产生一种奇怪的误解。

"Prion"其实也曾用于命名一种生活在南极近岸岛屿、与信天翁有近缘关系的海鸟。

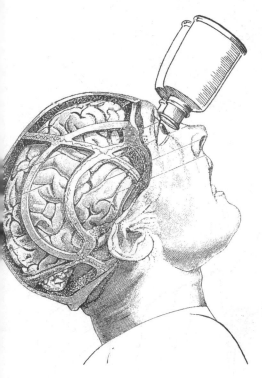

所以，这一发现刊登在《自然》杂志上后不久，一位鸟类学家给《自然》杂志写了一封信，问道：这种大型鸟类真的是感染性脑病的传播源吗？他感到十分费解。

逆转录病毒

　　此外，遗传学家们同样惊奇地发现，有时遗传信息会改变传递方向。RNA 也可以反转录为 DNA——"中心法则"的逆向应用。

　　以 RNA 为遗传物质的病毒（即逆转录病毒）有一种特殊的酶——逆转录酶（reverse transcriptase），可以把自己的信息复制到 DNA 片段里。这一段 DNA 插入宿主的 DNA 后，会强迫宿主复制并制造出许多 RNA 逆转录病毒。

逆转录病毒值得深入研究，因为其中某些可以致癌（它们有时会挑中人类的几个基因，修改后再将其送回 DNA）。艾滋病（AIDS）就是由一种人们已知的逆转录病毒——人类免疫缺陷病毒（HIV）——引发的危害极大的传染病。该病毒会感染白细胞并抑制免疫反应，使人体成为毁灭性感染的牺牲品。

人类基因图谱及其作用

可见，遗传学领域出现了不少新问题，但很显然——就像人类第一次探索美洲一样——有关基因、疾病和进化的全新而且惊人的事实还隐藏在基因图谱中。现在，我们为伟大的人类基因图谱设立了一个计划——测出人类全部基因的 30 亿个碱基对的序列。这项计划将在 2000 年前完成。完成这项计划无疑耗资巨大，但这就像许多地图一样，它是人类发现隐藏"新大陆"的第一步。（该计划为人类基因组计划，简称 HGP，被誉为生命科学的"登月计划"。该计划由美国科学家于 1985 年率先提出，1990 年正式启动。美、英、法、德、日、中六国科学家相继参与了这一预算高达 30 亿美元的计划。2000 年，人类基因组"工作框架图"绘制完成。2001 年，公布了人类基因组图谱及初步分析结果。2003 年，国际人类基因组组织正式宣布人类基因组计划全部完成。——编者注）

哪怕基因图谱没什么其他用途，也至少会是有史以来出版的最大图集。

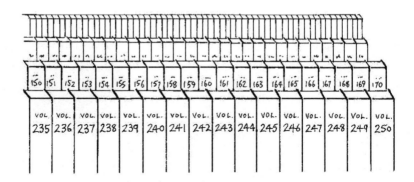

该图谱包含了人类基因的所有信息。如果把整个 DNA 长链比作珠穆朗玛峰，一个典型的基因差不多就是一只蚂蚁这么大，要准确找到一个基因并不比找到一只蚂蚁简单。

希拉里[1]

1. 新西兰登山家埃德蒙·希拉里于 1953 年 5 月加入英国登山队，从珠穆朗玛峰南侧攀登。5 月 29 日，他与尼泊尔向导丹增·诺尔盖一起成功登顶，成为首次征服世界最高峰的人。——编者注

综合考虑之下，最好的办法是选出顺序出错的基因，并从这类基因开始观察。

出错的基因很多——在传染病被控制之后，基因研究也变得更加重要。

大多数住院患儿都有先天性疾病。如果把所有与遗传因素有关的疾病（例如先天性心脏病和遗传易感性癌症）包括在内，那么多数患者的死因都与自身基因有关。

我们是最后一代死于感染而非先天性疾病的人。

虽然先天性疾病随处可见，但大多数具有简单遗传模式的个体化疾病（通常指单基因遗传病）却很少见。人们已知大约有 6000 种单基因遗传病——有的相当罕见。

人们发现，有些在大多数地区十分罕见的疾病在另外一些地区反而相对普遍。这也许是因为，该地区的患者都从自己的某个先祖那里遗传了一个致病基因。比如，导致泰－萨克斯病这种神经退行性疾病的基因在德系犹太人中就相对常见。

南非有一些在其他地区很少见的遗传性疾病。因为这些南非人主要是某些第一代移民的后裔，而他们的这些先祖中碰巧有人携带了这些基因。在西非和其他一些地方，镰状细胞基因遗传和其他血红蛋白出错的情况也很普遍，但携带一个这类基因却可以帮助携带者抵抗疟疾[1]，产生免疫力。

　　遗传学能对先天性疾病的治疗作出什么贡献呢？在那时的人们看来，作用不大，但是未来却大有希望……

1. 疟疾（malaria）：经按蚊叮咬或输入带疟原虫者的血液而感染疟原虫所引起的虫媒传染病。——译者注

囊性纤维化的案例

在西方世界，最常见的单基因遗传缺陷疾病是囊性纤维化（cystic fibrosis）疾病。这可以追溯到 1990 年——人们开展搜索排查工作后，以惊人的速度在短时间内找到了该疾病的病因。囊性纤维化的案例可能会在其他许多遗传疾病的研究过程中不断重复——它也表明基因图谱将会大有用处。

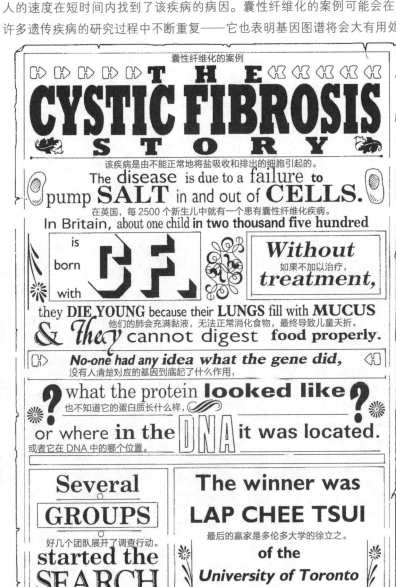

囊性纤维化的案例

THE
CYSTIC FIBROSIS
STORY

该疾病是由不能正常地将盐吸收和排出的细胞引起的。
The disease is due to a failure to pump SALT in and out of CELLS.

在英国，每 2500 个新生儿中就有一个患有囊性纤维化疾病。
In Britain, about one child in two thousand five hundred is born with CF.

Without treatment, 如果不加以治疗，

they DIE YOUNG because their LUNGS fill with MUCUS & they cannot digest food properly.
他们的肺会充满黏液，无法正常消化食物，最终导致儿童天折。

No-one had any idea what the gene did, 没有人清楚对应的基因到底起了什么作用，

what the protein looked like 也不知道它的蛋白质长什么样，

or where in the DNA it was located. 或者它在 DNA 中的哪个位置。

Several GROUPS started the SEARCH
好几个团队展开了调查行动。

The winner was LAP CHEE TSUI
最后的赢家是多伦多大学的徐立之。
of the University of Toronto

关于囊性纤维化致病基因的位置，第一条线索来自人们对古老家族的持续研究。这些家族后代的遗传轨迹显示，囊性纤维化致病基因不在性染色体上。接着，科学家们发现它与一段 DNA 序列的变化有关，而此前人们已经追踪到这一变化发生在一小部分 7 号染色体上。

这一基因片段被剪切下来并插入实验室的小鼠细胞中。科学家们逐渐解读出了里面包含的几千个"字母"信息。不过，这段基因密码中的大多数三字母信息都没有意义。

这个 DNA 序列一次又一次地重复出现，似乎想要表达些什么。其中一些 DNA 片段开始被读取时就好像可以转化生产蛋白质一样，但它的大多数信息仍未被解读出来，人们不知道它究竟有什么作用。不过，人们发现有一个 DNA 片段似乎能产生类似其他生物细胞膜中的那种蛋白质。

在患有囊性纤维化疾病的家族中，患者们所携带的这一段 DNA 序列完全遵循囊性纤维化的遗传规则。

反向遗传学

　　那么，现在科学家从 DNA 序列中反推出蛋白质的结构就可行了。这就是反向遗传学（reverse genetics）——从 DNA 的"字母"顺序推断出蛋白质长什么样子、有什么功能、出了什么差错，而不再单纯依据受损蛋白质的结构来计算 DNA 的变化。

一旦根据 DNA 的"字母"顺序计算出蛋白质中氨基酸的排列顺序，科学家们就可以推测出蛋白质的形状。要研制出可以修补受损蛋白质的药物，这可能是第一步！

现在，已有数十种基因（其中的大部分是会导致严重遗传疾病的基因）以同样的方式被人们追踪确认。法国有一个非常成功的电视节目——《基因治疗》（the Genethon），相关科研机构持续通过该节目募集研究所需的资金。

现在，我们找到了基因！

紧接着，生物学领域又涌现出制作基因图谱的各种新方法。其中最聪明的做法是充分利用 DNA 连接互补碱基的能力。要找到 DNA 序列中对应特定蛋白质的编码位置，首先需要读出氨基酸的顺序。由此，科学家们可以制作出一个基于三"字母"代码的、与氨基酸排序相匹配的 DNA 片段。人们再用荧光染料标记该 DNA 片段，并将其注入活细胞中。最终，该片段就会在适当的 DNA 所应处的位置恰好插入染色体中。

该方法被称为基因"钓鱼法"，即荧光原位杂交技术。

1. 艾萨克·沃尔顿（Izaak Walton，1593—1683）：英国著名作家。其对话体散文作品《钓客清话》（*The Compleat Angler*，1653 年出版）借垂钓者、鹰猎者和猎人对各自娱乐方式的争论展现了垂钓的哲学、垂钓者的生活理想。这里是将 DNA 比作鱼，将遗传学家比作垂钓者。——译者注

基因图谱研究的分歧

即便人们只是想确定基因图谱中的主要"地标"，那也有 10 万多个基因等待被整理研究。因为对大部分基因的初步分析结果显示，没有现成的遗传性疾病来提示这些基因到底会做什么。

此外，还有数十亿的 DNA 片段似乎什么也不做——它们甚至连转录单位都没有。

遗传学家们就下一步应该怎么做产生了分歧。

大多数 DNA 就像是充斥着废话的"森林"，毫无意义，真的值得深入研究吗？或者我们还是应该一直在"乡村和小镇"坚守，毕竟这里才是它真正发挥作用的地方？

说得对！获取有效基因的方法之一就是找到信使 RNA——有证据表明基因确实生产了某些物质——然后我们就能通过信使 RNA 逆推找到 DNA 的序列。

人类大脑是个不错的研究对象——它是个复杂的组织结构，大约有 3 万个基因同时在工作。其他部位的细胞（如血液中的细胞）中，同时开展工作的基因数量就少得多。遗传学家们已经辨识出约 5000 个大脑基因，进一步解读它们的 DNA 信息的工作正在有条不紊地开展中。

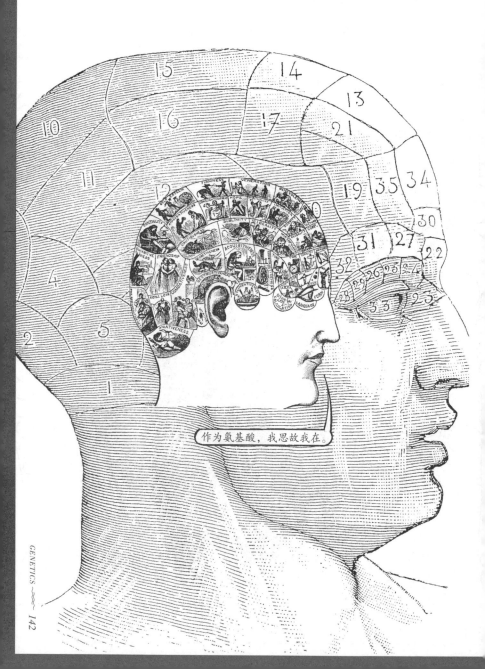

作为氨基酸，我思故我在。

不过，也有一些生物学家认为，在 DNA 分子"森林"深处寻宝是有意义的——毕竟，没有人知道里面到底藏着些什么。

生物学家们选择暂时抛开 DNA 的实际作用不管，先制作一个粗略的大段染色体比例图，里面的细节可以之后再进行补充。这就像是从整个汽车说明手册中随机读取几段文字，之后就可以通过查看重复的段落来确定页面顺序。

汽缸盖罩上的通气软管。卸下螺母，将变速杆和脚蹬曲柄连接杆分开。拆卸将化油器固定在进气歧管上的四个螺母。把化油器、变速器电缆支座和空气滤清器移到发动机的一侧。

从进气歧管上拆下化油器止动片、整圈和隔热板。卸下将伺服导管固定在进气歧管上的空心螺栓。移除上面的两个铜整圈。将伺服导管从发动机上拿下来。拆卸两个螺母并将排气管从变速器上的支架上取下来。将两组把排气管夹固定在歧管至下管连接处的螺母和螺栓卸下来。

最好将发动机安放在拆卸架上，如果不行，就把发动机放置在工作高度合适的稳固工作台上。如果不这么做，拆卸后的发动机就可能掉在地板上受损。在拆卸过程中，应尽可能使裸露部分不沾上灰尘。为了彻底清洁发动机的外部，首先需要清除其表面所有的机油痕迹和凝固的污垢。

好的油脂溶剂可以使清洗更容易，因为加入溶剂后，强力的水射流就能洗掉溶剂和油迹。如果污垢深藏在机器夹缝里，将溶剂注入进去，再用硬毛刷子刷。最后用抹布把发动机外部擦干。清洁干净后再开始拆卸……

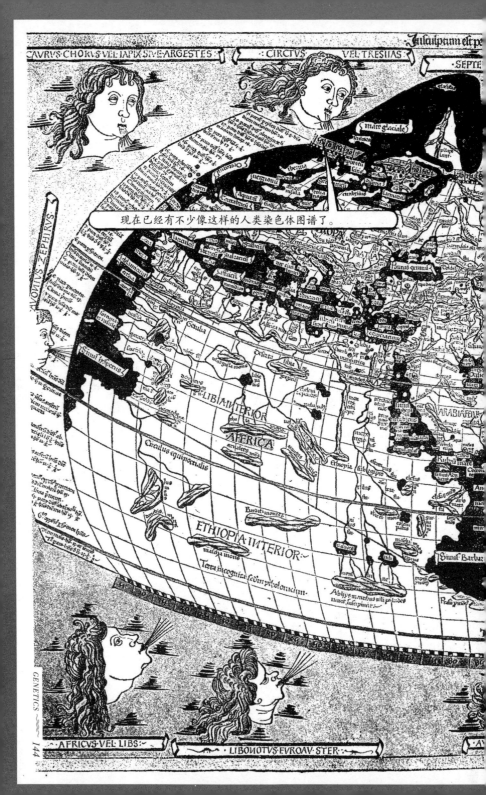

现在已经有不少像这样的人类染色体图谱了。

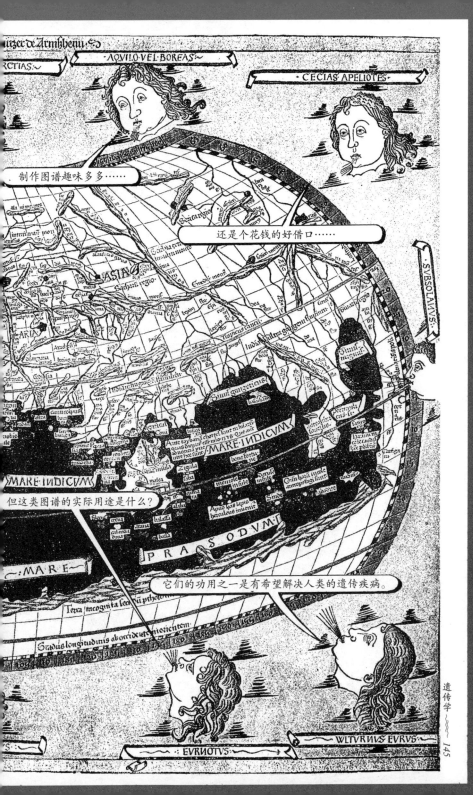

制作图谱趣味多多……

还是个花钱的好借口……

但这类图谱的实际用途是什么？

它们的功用之一是有希望解决人类的遗传疾病。

遗传学的用处

　　医学界箴言：未病先防。人类能够战胜细菌感染，更主要的是依靠下水道的普及应用，而非抗生素的应用。医学治疗方式出现得相对比较晚。

溢水管
进水管
地板

遗传疾病也不例外。就人们对大多数遗传病的感受来说，最好的解决方法不是坚持治疗，而是尽早诊断出患病的胚胎。

你说谁"患病"了？

如果医生告知父母，孩子生下来后将患有严重的疾病，父母通常会选择终止妊娠。如果结论是最严重的遗传疾病，90% 的人会选择接受遗传学建议。从总体上看，近年来患有先天性遗传病的新生儿数量已经迅速下降。

预防胜于"疏通"（尤其是在这方面）。

在预防遗传疾病方面，遗传学可以做的还很多。

就隐性基因（需要同时继承两份隐性基因，才会患病）而言，遗传学可以帮助人们识别携带者——即只有一份隐性基因的人。如果两个携带者结婚，他们很有可能会生下一个患有疾病的孩子。

有时候，已知信息真的很有帮助。在正统派犹太教社会中，在婚姻安排上，媒人的地位仍十分重要。他们会告知准备结婚的情侣各自的家族是否携带了泰－萨克斯精神疾病的隐性基因。这样也许就能说服情侣——他们不是彼此的理想伴侣。

但并不是所有事都这么简单。以囊性纤维化为例，就白皮肤的英国人和美国人而言，每 2500 名婴儿中会有 1 名患有这种疾病，但实际上大约每 25 个人中就有 1 个人是携带者！

　　然而，这数以百万计的携带者几乎都不知道这些事情，隐性基因也不会对他们造成任何伤害。90% 的囊性纤维化隐形基因携带者家庭，此前也从来没有得过这种疾病的先例。

要检测一个人是否为携带者，最简便、直接的方法就是漱口后取唾液。这一检测成本和去一家不错的餐厅吃一顿的花费差不多。在收到测试邀请的人中，有四分之三都同意接受测试。

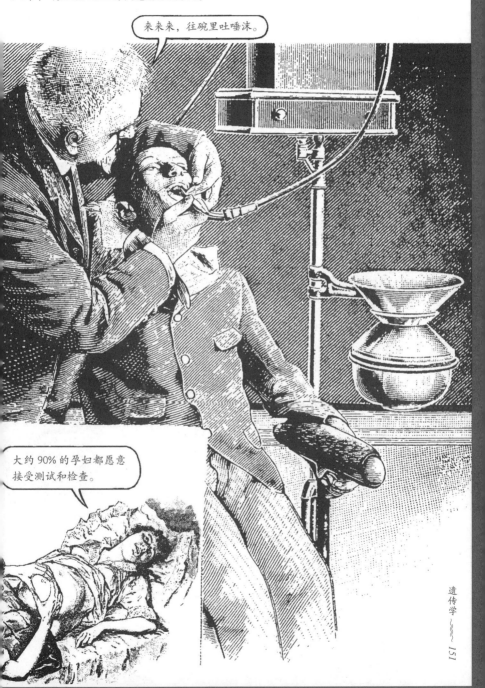

但这样大规模地筛查成千上万的公民，告诉他们事实，真的有意义吗？
当然有，如果家里有患囊性纤维化疾病的小孩，其中 90% 的父母都认为应该
进行普遍筛查。如果能够提前检测出结果，那么其他家庭也许就不用经历他
们所受的折磨了。家里有一个患囊性纤维化疾病的小孩后，大多数此类家庭
的父母都选择不再继续生育。

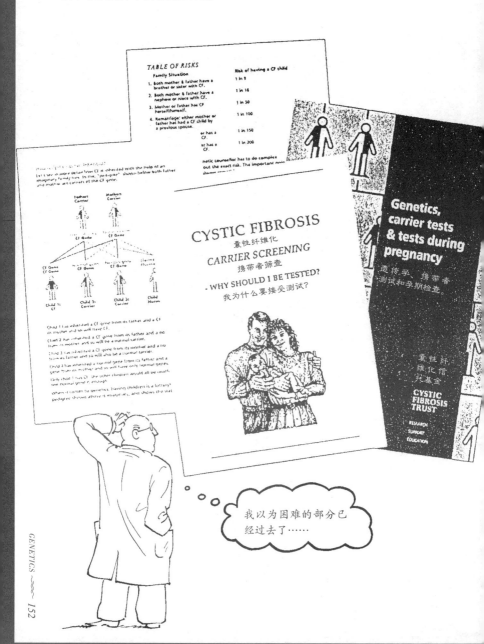

更重要的是，寻找携带者远比想象的更困难。从分子角度来看，有250多种细微变化可以损害囊性纤维化基因。有的突变比其他突变更具破坏性。

即使是最缜密的测试也会漏掉一些携带者。更糟糕的是，地区与地区之间还存在不同——英国的测试指标对大多数身在土耳其的携带者都无效。

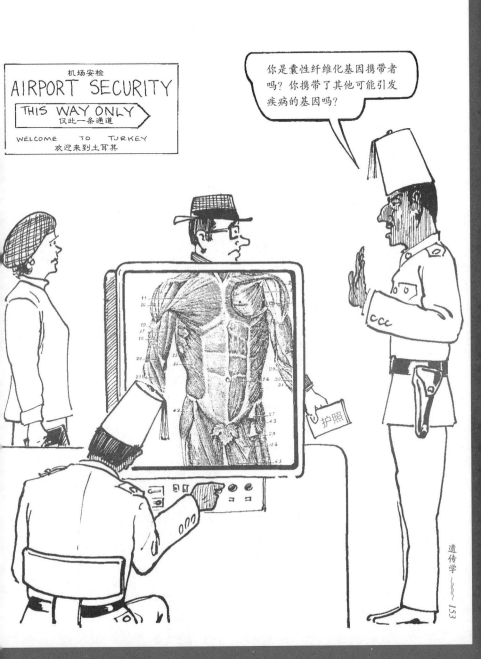

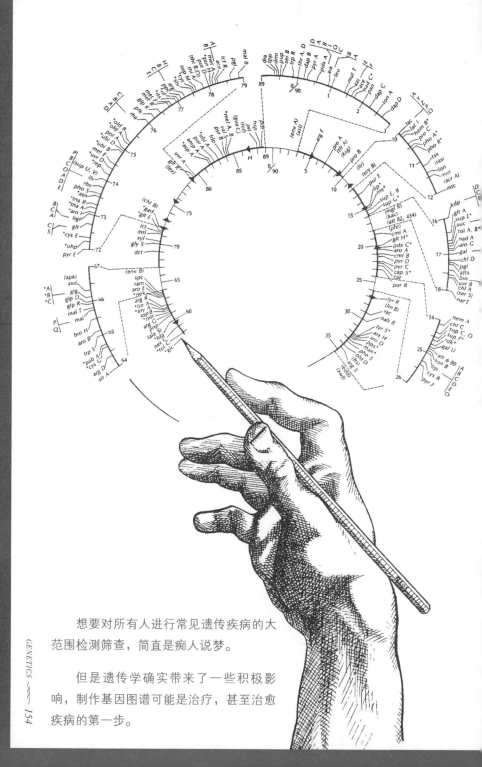

想要对所有人进行常见遗传疾病的大范围检测筛查，简直是痴人说梦。

但是遗传学确实带来了一些积极影响，制作基因图谱可能是治疗，甚至治愈疾病的第一步。

当然，遗传疾病也不意味着无法被治愈。早在发现该基因之前，人们已经采用了新方法治疗囊性纤维化疾病（如释放肺部黏液），患儿的存活率显著高于以往。现在人们已经找到这种致病突变基因，研发新药物又有了希望。

孩子不打不成器。

一种更极端的治疗方式是将正常供体的心脏和肺脏移植到患有囊性纤维化疾病的患者体内。

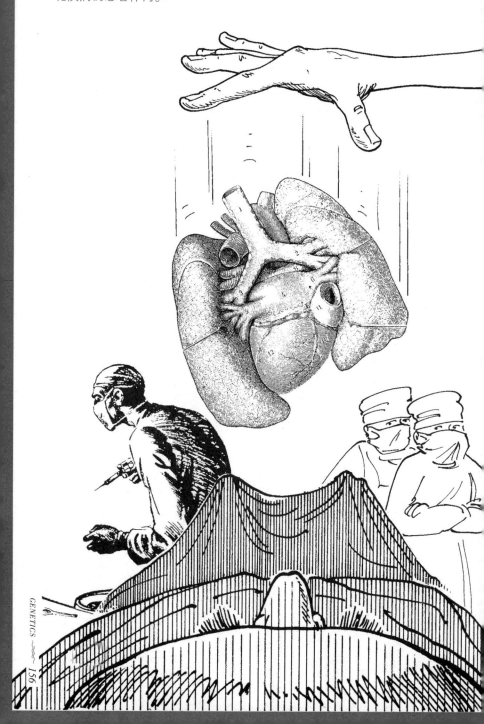

基因工程、基因治疗与基因筛查

　　现在，我们有希望采取相对温和的方式治疗囊性纤维化疾病和其他遗传疾病。因为人们发现，在活的生物体中，基因可以被移动到不同部位。

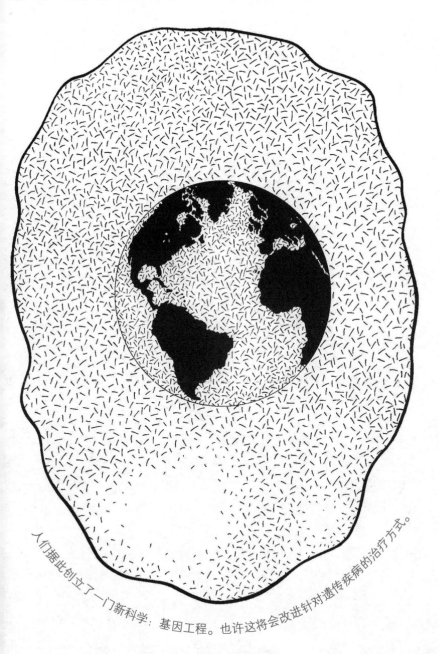

人们据此创立了一门新科学：基因工程。也许这将会改进针对遗传疾病的治疗方式。

基因工程师们有许多方法干预基因的工作。

他们也知道，在细胞膜外施加电流就可以打开一个孔隙，让细胞吸收外来 DNA。

有时，还可以用载有外来基因的微型"金粉子弹"射击细胞，强行让细胞接纳外来基因。

移动基因的最佳方式是用细菌充当媒介和桥梁。人们已经成功通过实验将一些人类基因插入细菌的 DNA 中，让细菌充当制造基因产物的工厂。胰岛素和血友病中造成凝血功能障碍的蛋白质都是通过这种方式获得的。

人们还把基因移植到了动物体内。经过基因工程实验的山羊，可以产出含有人类生长激素的羊奶。未来，人们甚至有希望通过基因工程使土豆产生出可用于医药的人类蛋白质。

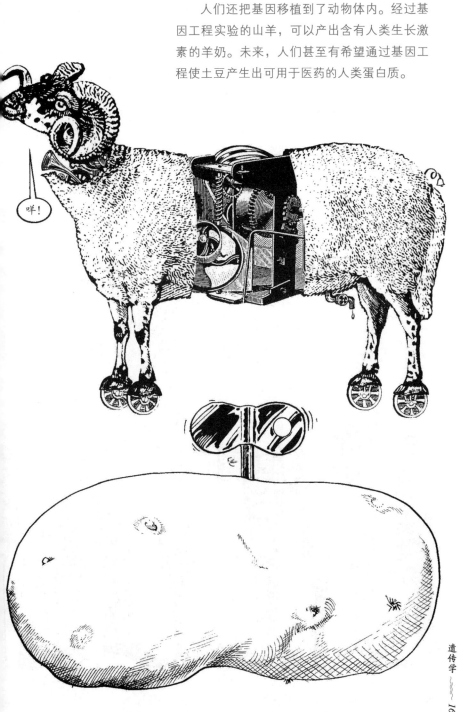

囊性纤维化疾病是因为某个基因突变出错而引起的，因此将正常工作的基因注入活细胞中，复制并扩散到病人的肺部，将有助于缓解囊性纤维化的症状。

能针对受损基因进行基因治疗，才是一次真正意义上的突破：用正常工作的基因替换有缺陷的基因。器官移植在医学界已经比较常见了，那么基因移植为什么不行呢？

那么，适合我的牛仔假肢（基因）[1]在哪儿呢？

1. 在英语中，"Jeans"和"genes"发音相同。这里采用了诙谐的说法。——译者注

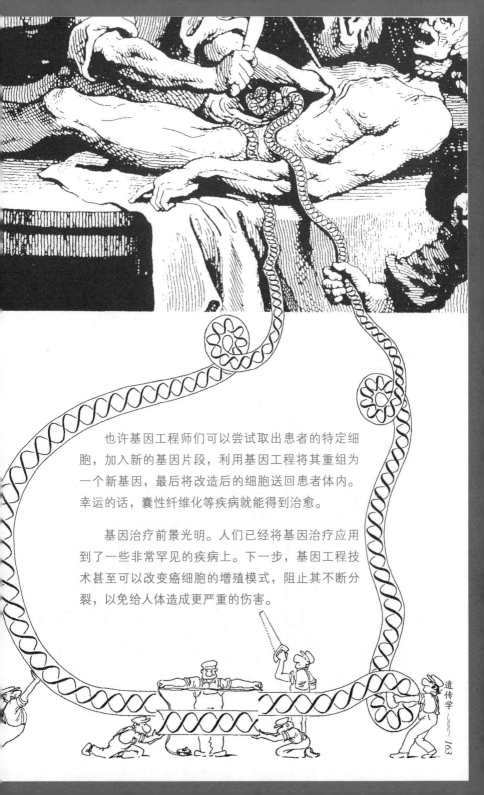

也许基因工程师们可以尝试取出患者的特定细胞,加入新的基因片段,利用基因工程将其重组为一个新基因,最后将改造后的细胞送回患者体内。幸运的话,囊性纤维化等疾病就能得到治愈。

基因治疗前景光明。人们已经将基因治疗应用到了一些非常罕见的疾病上。下一步,基因工程技术甚至可以改变癌细胞的增殖模式,阻止其不断分裂,以免给人体造成更严重的伤害。

科学家们有一种想法是，将特定的重组基因插入癌细胞中，会使细胞更好地吸收药物。癌细胞的分裂速度非常快，它们对"药物敏感"基因的吸收能力远高于正常细胞。而通常情况下，人们服用的药物只会杀死出错的细胞。

癌细胞还显示了其他变化，表明它们可能受到基因武器的攻击。有时细胞出现癌变后，细胞表面显示其特性的化学标记会随之改变。如果人们能够复制这些新标记，再与相关药物匹配，患者服用的药物就可以直接指向目标：癌细胞。

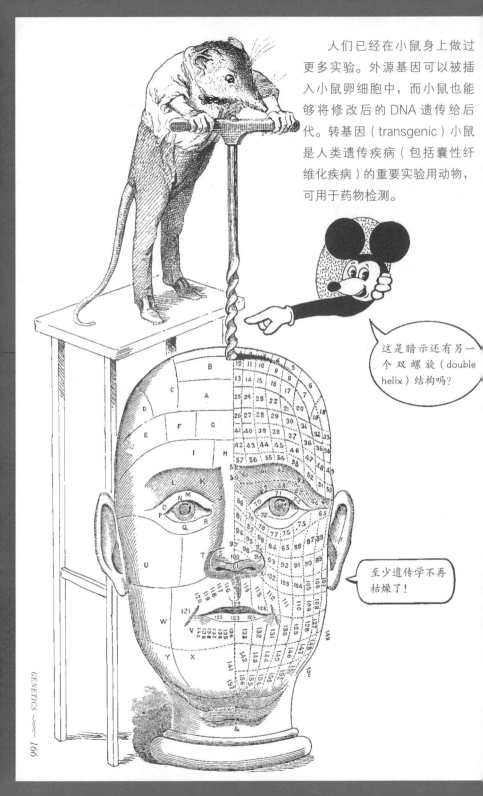

人们已经在小鼠身上做过更多实验。外源基因可以被插入小鼠卵细胞中，而小鼠也能够将修改后的 DNA 遗传给后代。转基因（transgenic）小鼠是人类遗传疾病（包括囊性纤维化疾病）的重要实验用动物，可用于药物检测。

这是暗示还有另一个双螺旋（double helix）结构吗？

至少遗传学不再枯燥了！

另一个聪明的办法是改变控制细胞表面受体生化机制的基因，借此干扰物种的特异性识别，减少免疫反应。出现抗原（antigen）这种能诱导机体发生免疫应答的物质就意味着器官不能轻易地在不同人体之间移植——不同物种之间的器官移植就更不可行了。现在科学家们正在尝试将人类的抗体基因植入猪的卵细胞中，并力求使其能够成功地遗传给下一代。也许在不久的将来，人们就能成功地将猪的器官移植到人体中。

遗传学

对于大多数遗传学家来说，研究生殖细胞基因治疗就像制造一个科学怪人。目前，还没有遗传学家计划在人类身上进行这一治疗实验。

与大多数医学领域的情况一样，基因学上的各种发现也引发了不少的伦理问题，生殖细胞基因治疗引发的伦理问题只是其中之一。

如果医生对胎儿进行了遗传病产前诊断并确诊，那么堕胎就成了唯一可以提供的建议。这在许多地区都是一个现实问题。在美国，反堕胎游说团体十分强大，态度坚决，以至于许多慈善机构都不敢公开支持或宣传针对遗传病的产前诊断测试。

好了，我已经想好要不要生了。现在，我该替你作决定了。

堕胎引发的伦理问题与其他医学领域的问题都不同，堕胎的决定是由某人代替未出生的孩子作出的，而不是由实际参与其中的人（孩子）作出的。一些人甚至担心政府或健康保险商会施加压力来要求孕妇终止妊娠已确诊为基因受损的胎儿，从而节省治疗费用。因此，不少人认为对相关测试的结果严守隐私底线是必须的。

相关法律部门已经介入这一领域。在美国，如果存在基因缺陷的孩子在出生前没有被诊断出患有疾病，那么父母们可以提起"不当出生"诉讼。甚至连孩子自己也可以提起诉讼，申请赔偿金用于治疗。对于囊性纤维化这类疾病而言，即使人们采用最好的测试方法也不能确保能够检测出所有携带者，这才是问题的关键。

遗传学正面临另一个出乎意料的问题：它为人类提供了太多的信息，带来了太多的希望。许多人都对它抱有过高的期望，而且人们似乎乐于接受大多数遗传学家并不赞成的治疗方法。对于"什么才是正确的"，大众的看法往往不同于专业人士。

在美国，一般人想堕胎往往会遇到很大的阻碍。但是 75% 的美国人却愿意接受生殖细胞基因治疗。一些美国父母甚至要求在孩子体内植入生长激素基因，希望自己的孩子能长得更高。

甚至，还有人向这些父母灌输并让他们接受这种想法：插入可提高智力的基因——40%的美国人认为这是个好主意！但这项技术近期完全不可行，可能永远也无法实现。

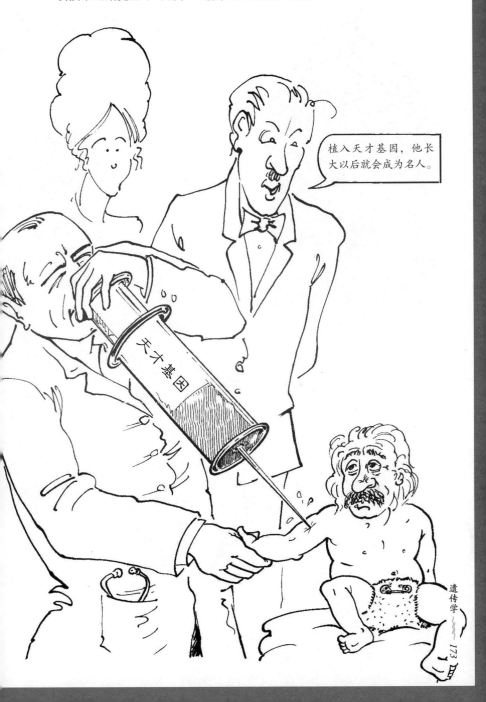

植入天才基因，他长大以后会成为名人。

其他人——比如，弗朗西斯·高尔顿自己——认为……

人们的一些不良行为是由基因控制的，因此，我们必须采取措施解决这一问题。

显然，大多数罪犯身上都带有某个基因——人们已经得知了该基因完整的 DNA 序列。

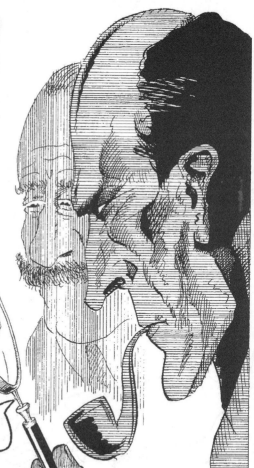

沃森！我们需要找到携带 GAT AGA GTG AAG CGA 编码的 DNA 片段，携带这段基因的人大多数都留着胡子、走路有点跛。

它是由 Y 染色体携带的单个小基因，因此携带者为男性。犯罪分子大多也是男性——我们发现"犯罪基因"了！当然，不会有人觉得遗传学家应该解决犯罪问题，更不会觉得这一发现能够消灭罪犯。

可一旦涉及女性，情况就又不同了。人们通过观察染色体，很容易分辨胎儿的性别。在英国，父母对生男生女没有强烈的偏好……

但印度人有。父母只要给钱，有的印度诊所就可以堕女胎！

噢！完蛋了！我们研究的东西加剧了人们对女性的偏见！

所以，遗传学家们要小心了！

遗传学

此外，一些人甚至对携带遗传疾病基因的人也有偏见。事实上，美国有许多黑人都携带了能导致镰状细胞贫血的基因。大多数携带者自身并不知道，也没有表现出任何症状。20世纪70年代，在美国一度较普遍的针对受雇者的一个基因筛查计划，就使那些被诊断为携带者的人承受了许多不必要的痛苦，他们找工作也受到歧视。

可一般来说，每个人都会携带两种不同基因的其中一份的复制基因——比如镰状细胞基因——如果该基因以双倍数量存在，就会致命。通常，没有人会担心这一点。人们没能成功控制镰状细胞贫血，主要是因为预防计划做得还不够完善。目前，加拿大甚至已经允许在学校生物课上做基因筛查测试，比如筛查囊性纤维化基因。

有时，人们得到的信息又令人担忧。一些异常基因是显性基因：一个人只要在出生时遗传了或中年早期突变出一份这种基因就会致命。人们已经开始对这类基因进行测试了，比如亨廷顿病（Huntington's Disease，一种神经系统退化疾病）。事实上，一些被发现携带了这类基因的病人常常有自杀倾向。大多数有风险携带这类基因的人往往选择不做测试。他们宁愿不确定自己是否患病，也不愿意知道真相。

幸运的是，亨廷顿病非常罕见。但是其他由显性基因引发的疾病就没有这么幸运了。比如，多囊肾病（polycystic kidney disease），在英国，大约有50000人有发病风险，他们随时都有肾衰竭的可能。这是绝症，医生也没有办法。当然，确实也有针对这类致病基因的测试，但是人们真的想知道自己的命运吗？

知道自己未来的命运是许多人很快就要面临的问题，但这比他们希望知道的更早。很多人死于癌症，而且通常是由自身携带的基因造成的。如果一个女人患有乳腺癌，那么她的姐妹或女儿患有乳腺癌的风险更大，这是因为她们可能继承了同一个基因。不久的将来，基因测试将会显示患病概率有多大，但同样的问题是，她们真的想知道吗？

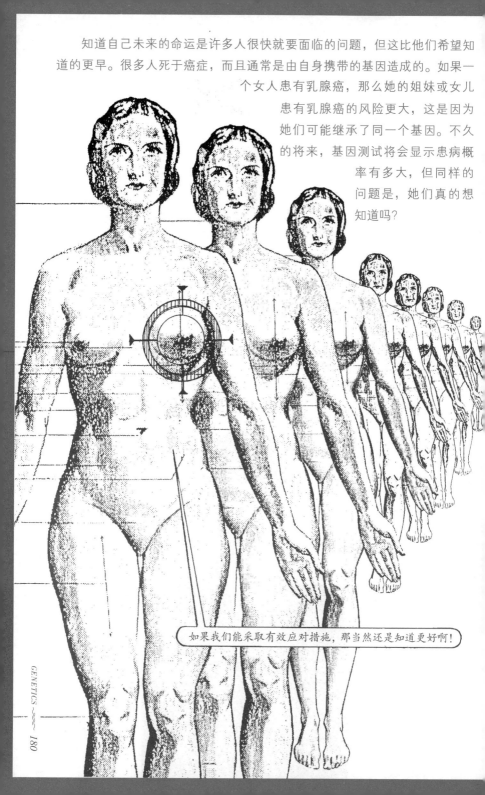

如果我们能采取有效应对措施，那当然还是知道更好啊！

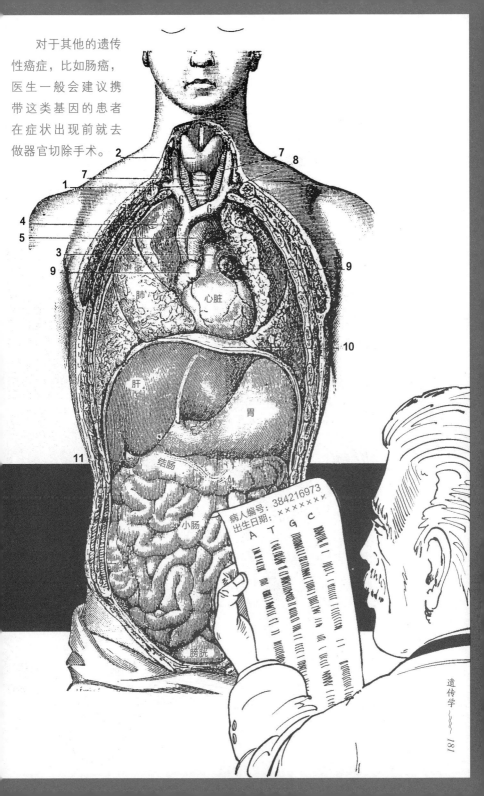

对于其他的遗传性癌症，比如肠癌，医生一般会建议携带这类基因的患者在症状出现前就去做器官切除手术。

肺

心脏

肝

胃

结肠

小肠

膀胱

病人编号：384216973
出生日期：×××××
A T G C

了解这类基因的风险，实际上可能真的有用……

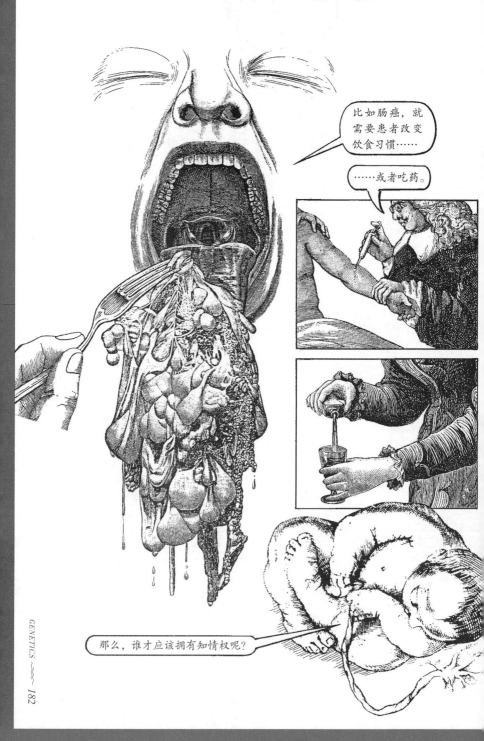

比如肠癌，就需要患者改变饮食习惯……

……或者吃药。

那么，谁才应该拥有知情权呢？

携带这类致病基因的人处境非常艰难，那么他们可以依靠保险吗？在美国，这类人无法享受保险待遇，因为他们已经被检测出身上携带了影响未来身体健康的基因！保险公司为了盈利，只愿意承担可较好管控的风险，而将这些基因有缺陷的人全部推给悲天悯人的政府去解决。

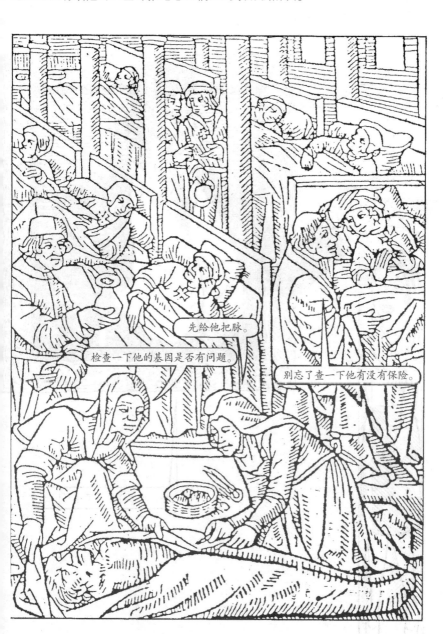

你的基因属于谁？这个问题并不如看上去那么容易回答。至少就现实而言，它似乎并不属于你。目前，发现人类的新 DNA 片段并申请专利已经成为常态。其中的某些 DNA 片段可能价值数百万——因为它们也许可以用来测试遗传疾病，或者用于对早期癌症的诊断。但是那些提供基因且可能患有相应疾病的人并不会从中受益，获利的是医药公司。

复杂的遗传学

遗传学总是比人类看似合理的"想象"更加复杂。

但需要指出的是，遗传学在改善人类健康方面所作的贡献并没有人们认为的那么多。二十年前，学医的学生几乎不学遗传学——因为遗传学似乎与治疗疾病毫无关联。不过，学生们却要听许多关于这个学科的讲座。人们现在对血红素基因的了解程度远远超过其他的基因，但是这对治疗镰状细胞贫血几乎毫无帮助。

其他方面就不再赘言，遗传学的历史
至少能教会你自谦。首先，生命并不简单。
（高尔顿除外，他不这么认为。）

人类在不断解锁新发现，单纯
利用遗传学来"改良"人类的
可行性也在随之减小。

其次，没有人是完美的。几乎每个人都携带着具有潜在危害的基因，而且正常情况下大多数人都会死于自己天生的缺陷。

　　最后一点，遗传学使人类与其自身以及这个活生生的世界的其他部分联系在一起。人类遗传学从一开始就是一门被滥用的、充满讹误的科学。现在，这门科学正处于青春期，正在努力摆脱其早期出现的问题。而且，也许在不久的将来，它就将成为医学体系中普普通通的一部分。

　　但是——我们永远不要忘记过去！

遗传学 189

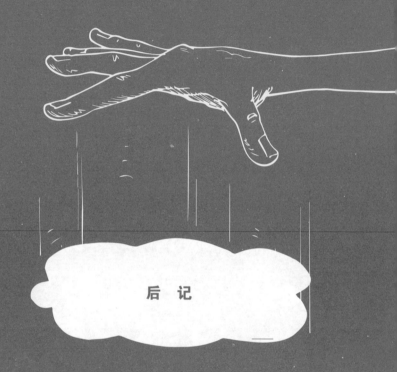

后　记

遗传学刚兴起时，没有受到重视。现在，情况正好相反。过去人们忽略孟德尔是觉得他的研究并不重要，而今天关于基因的讨论却无处不在。大众被基因研究的发展前景吸引，也被随之而来的威胁困扰。对此，科学家们立刻强调，要同时重视基因带来的利与弊。有人称遗传密码（ATGC）已经变成一场炒作（HYPE），也不是没有缘由的。

　　过去十年间，遗传学取得的成就令人惊奇。我们已掌握构成人体所需的大约 60000 个工作基因的字母序列，并且即将掌握其他所谓"垃圾 DNA"的字母序列（这也暗示"垃圾 DNA"实际上不是毫无用处的垃圾）。目前，有 10000 多种疾病有遗传的倾向，而且就遗传原理来看，我们知道这至少与基因有关。

　　这既给人们带来了希望，又加剧了人们的恐慌情绪。对于有患病风险的携带者和胎儿而言，由单个显性基因控制的疾病（如镰状细胞贫血或囊性纤维化）比较容易检测出来。但由于基因受损的方式多种多样——例如，囊性纤维化的已知突变超过 1000 种——测试就变得异常困难。通常医生采用的最佳处理方式是告诉病人，他们是携带者。这好过去让他们相信自己不是。当然，清晰明确的测试结果使人们更容易下定决心要不要备孕或者坚持把孩子生下来。

　　囊性纤维化和乳腺癌的基因检测服务在市场上就可以买到。经过研发改进后的 DNA"芯片"技术可以同时筛查许多基因，这意味着未来将会有更多的基因芯片面世。被诊断出有患病风险的人，不管是不是误诊，将来都会更多地依靠药物治疗。

　　我们意识到大多数人是死于遗传疾病，或者是具有可遗传性的疾病。对部分病人而言，医生可以考虑告诉他们目前的处境。但我们为什么希望医生这么做呢？有时，了解自己的病情有助于治疗。例如，对某些遗传了易患结肠癌的基因的人，他们可以在症状出现前做手术，从而得到治愈。患有其他疾病的高危人群会收到医生的警告，自觉避免去可能对他们而言有危险的场所。吸烟的危害很大，却只有少数人能成功戒烟。但是，对于携带了一种能清除肺部黏液的酶的变体的人来说，一旦吸烟，就会因呛溺而死亡，这足以说服这类人戒烟。当然，了解了这些知识有时也会带来不利影响，特别是作为患者去申请健康保险而被调查时。

　　最好的药方向来是预防而不是治疗。遗传学也是如此。转眼十年时间过去了，采用基因疗法替换受损 DNA 的研究仍在原地踏步。基因手术——能够剪切 DNA 片段并将其转移到新的地方——已经做了很多了不起的事情，但是目前它在治疗疾病方面仍未作出太多贡献。

　　至少根据转基因食品支持者的说法，

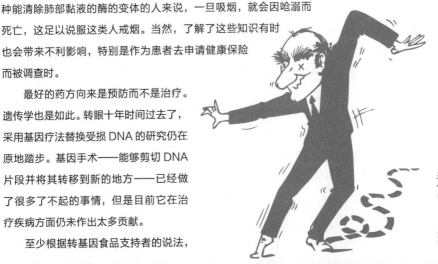

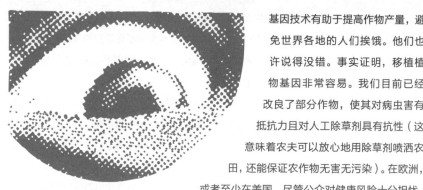

基因技术有助于提高作物产量，避免世界各地的人们挨饿。他们也许说得没错。事实证明，移植植物基因非常容易。我们目前已经改良了部分作物，使其对病虫害有抵抗力且对人工除草剂具有抗性（这意味着农夫可以放心地用除草剂喷洒农田，还能保证农作物无害无污染）。在欧洲，或者至少在美国，尽管公众对健康风险十分担忧，商人们对此却十分乐观。科学家们迷惑不解，为什么人们在未雨绸缪地担心转基因食品有害的同时，却能高兴且毫无芥蒂地吃芝士汉堡这种大家明知有害身体健康的食物？在消费者们看来，他们更愿意接受自己喜欢的东西，才不在意什么科学知识。除非人们改变态度，否则将营养基因植入第三世界农作物的希望很可能会破灭。

对植物使用转基因技术引起了社会的警觉，那么在动物身上使用基因技术同样也逃不开大众愤怒的声音。我们至今仍不清楚一个受精卵是如何发育并演化为一个具有成百上千种不同组织的成人的。人体的每种组织都承载着完全相同的遗传信息，但其功能与脑细胞和骨骼等组织又不同。科学家早前掌握的把单细胞培养成植物甚至青蛙的技术已经很成熟了，但用哺乳动物来做这个实验似乎仅仅是一个想法，从未实践。直到 1997 年绵羊多莉[1]出生。科学家用简单又巧妙的技术将成熟细胞的细胞核植入一只绵羊的卵子内，使其在养母子宫内慢慢发育。最终，一只无性繁殖的绵羊就出生了：它是克隆而得的。

克隆绵羊或克隆奶牛对农业领域而言，意义重大，还为克隆其他动物提供了借鉴。比如克隆插入人类基因的动物以获取蛋白质，如生长激素（已经用于"制药"，也是牛奶产生的最具价值的药物）等。媒体对克隆羊多莉的大肆宣传，立即引发了公众对克隆人这一想法的谴责，但人们往往没有深入思考克隆人究竟为什么可怕。毕竟，我们已经习惯了同卵双胞胎（其中一个就像是另一个的克隆版本），那么为什么人造版的"双胞胎"会引起恐慌呢？最终，仍然是公众舆论决定了科学家能做什么，不能做什么。对克隆人的研究似乎也变得遥遥无期。

不过，为什么还是有人想克隆人？有些人声称要建立一支全部由冷血硬汉克隆人组成的军队，这简直是好战至极；而另一些人则想复制自己不幸早逝的孩子，这听起来似乎是天方夜谭。但实际上该技术确实有希望应用到医学领域中。非常早期的胚胎细胞（俗称干细胞）具有分化成各种组织的潜能，可以在实验室中培养并克隆，甚至可以用外源基因进

---

1. 多莉（Dolly）：世界上第一只克隆羊，由英国科学家利用克隆技术培育出的雌性绵羊。它被美国《科学》杂志评为 1997 年世界十大科技进步之首。——译者注

行操纵。未来也许这些干细胞可以用于制造新的皮肤细胞或血细胞，甚至形成完整的器官。这涉及对早期胚胎的使用，科学家们可以通过实验室的人工授精获得胚胎，且不需要移植到母亲体内。但人们将这一胚胎的获得与堕胎的争论混为一谈。在美国，"亲生命"游说团体已经成功地阻挠了政府向这类研究提供资金支持。

　　人们总是把遗传学与政治问题联系在一起，既用它来指责人类的行为，也用它为人类辩解。有人称"同性恋基因"（最终未被证实）会在同性恋群体中引起两种截然不同的反应。有人担心别人会用基因诬蔑、丑化自己。但大多数人更倾向于这种想法，即他们的行为可能被编码录进 DNA 中，这意味着那些尚未"处于危险之中"的人不会被指控。类似的观点同样适用于有犯罪倾向的假定基因——它们是否能够证明罪犯无法被改造且必须被终身监禁，又是否能证明罪犯并不是出于自己的意愿主动犯罪，从而减轻量刑？

　　科学并没有对此类问题给出答案。也许新遗传学对人类自身的揭示不过是冰山一角，而这也可能是我们所知的最令人振奋的结果了。

拓展阅读

　　以下为遗传学领域的其他值得推荐的优秀书籍。

　　其中最著名的一本是安东尼·格里菲斯（Anthony Griffiths）与人合著的《遗传分析导论》（*Introduction to Genetic Analysis*，1998 年，弗里曼公司出版）。马特·里德利（Matt Ridley）的《基因组：物种自传 23 章》（*Genome: the Autobiography of a Species in 23 Chapters*，1999 年，第四等级出版公司）是对遗传学这一学科的第一次整体性介绍。最后，为了普及人类遗传学和进化的观点，史蒂夫·琼斯著有《命运之舞：基因的故事》（*The Language of the Genes*，1993 年，哈珀·柯林斯出版集团）和《血液的秘密》（*In the Blood*，1997 年，哈珀·柯林斯出版集团）。

　　史蒂夫·琼斯是英国伦敦大学学院的遗传学教授，在爱丁堡大学取得学士学位和博士学位，曾讲学于欧洲、北美洲和非洲等地的大学。1991 年，琼斯参加了英国广播公司的里思演讲(BBC Radio Reith Lectures)，主题为"命运之舞：基因的故事"，其同名书《命运之舞：基因的故事》于 1993 年出版。

插画师

　　除本书外，博林·范·隆还负责了本系列丛书中其他七本书的插画内容，分别介绍数学、社会学、文化研究、媒体研究、佛学、东方哲学和达尔文与进化论。他是一位超现实主义艺术家，其作品涉及从油画到以 DNA 为主题的剪贴画等各种形式。

图书在版编目（CIP）数据

遗传学 /（英）史蒂夫·琼斯（Steve Jones）著；
（英）博林·范·隆（Borin van Loon）绘；谢文婷，
郭乙瑶译. -- 重庆：重庆大学出版社，2019.11
书名原文：INTRODUCING GENETICS：A GRAPHIC
GUIDE
ISBN 978-7-5689-1841-1

Ⅰ. ①遗… Ⅱ. ①史… ②博… ③谢… ④郭… Ⅲ.
①遗传学—青少年读物 Ⅳ. ①Q3-49

中国版本图书馆CIP数据核字（2019）第244535号

遗传学

YICHUANXUE

〔英〕史蒂夫·琼斯（Steve Jones）　著

〔英〕博林·范·隆（Borin van Loon）　绘

谢文婷　郭乙瑶　译

懒蚂蚁策划人：王　斌

策划编辑：张家钧

责任编辑：张家钧　　　版式设计：原豆文化

责任校对：万清菊　　　责任印制：张　策

*

重庆大学出版社出版发行

出版人：饶帮华

社址：重庆市沙坪坝区大学城西路21号

邮编：401331

电话：（023）88617190　88617185（中小学）

传真：（023）88617186　88617166

网址：http://www.cqup.com.cn

邮箱：fxk@cqup.com.cn（营销中心）

全国新华书店经销

重庆市正前方彩色印刷有限公司印刷

*

开本：880mm×1240mm　1/32　印张：6.25　字数：227千

2019年11月第1版　　2019年11月第1次印刷

ISBN 978-7-5689-1841-1　　定价：39.00元

- -